室内装饰精品课系列教材

板式家具
数字化制造技术

李伟栋　李金甲 ／ 主编

化学工业出版社
·北京·

内容简介

本书主要介绍了板式家具数字化制造技术的相关知识，帮助读者了解数字化制造技术在板式家具生产中的应用，掌握数字化制造技术的基本原理和方法，提高数字化制造技术的应用水平。内容包括板式家具数字化基础知识、板式家具工艺结构与智能化拆单、板式家具数字化生产制造、板式家具数字化制造解决方案。

本书适合作为家具设计与制造及其相关专业的职业教育教材，也适合家具企业、家具行业相关从业人员阅读。

图书在版编目（CIP）数据

板式家具数字化制造技术/李伟栋，李金甲主编. —
北京：化学工业出版社，2024.7
ISBN 978-7-122-45461-4

Ⅰ.①板… Ⅱ.①李…②李… Ⅲ.①数字技
术 - 应用 - 家具 - 制造工业 - 高等职业教育 - 教材
Ⅳ.①TS664.01-39

中国国家版本馆CIP数据核字（2024）第078983号

责任编辑：毕小山　　　　　　　文字编辑：冯国庆
责任校对：李雨函　　　　　　　装帧设计：韩　飞

出版发行：化学工业出版社
　　　　　（北京市东城区青年湖南街13号　邮政编码100011）
印　　装：北京瑞禾彩色印刷有限公司
787mm×1092mm　1/16　印张16¼　字数360千字
2024年7月北京第1版第1次印刷

购书咨询：010-64518888　　　　售后服务：010-64518899
网　　址：http://www.cip.com.cn

定　价：76.00元

编写人员名单

主　编：李伟栋（辽宁生态工程职业学院）

　　　　李金甲（辽宁生态工程职业学院）

副主编：王寅旭（辽宁生态工程职业学院）

　　　　刘木子（辽宁生态工程职业学院）

　　　　梁淑楠（辽宁生态工程职业学院）

参　编：胡显宁（辽宁生态工程职业学院）

　　　　罗春丽（黑龙江林业职业技术学院）

　　　　张胜瑛（沈阳奈斯家具有限公司）

前言

数字化制造技术是一种先进的制造技术，它将数字化技术与传统制造技术相结合，通过数字化设计、数字化加工、数字化装配等手段，实现产品的快速、高效、高质量制造。数字化制造技术在板式家具生产中的应用，可以提高生产效率、降低成本、提高产品质量、实现定制化生产，从而满足消费者的个性化需求。

党的二十大报告指出，必须坚持科技是第一生产力、人才是第一资源、创新是第一动力，深入实施科教兴国战略、人才强国战略、创新驱动发展战略，开辟发展新领域新赛道，不断塑造发展新动能新优势。这为我们加快建设科技强国、实现高水平科技自立自强指明了方向。

为了适应科技兴国战略的要求，我们编写了本书。本书主要介绍了板式家具数字化制造技术的相关知识。通过学习本书，读者可以了解数字化制造技术在板式家具生产中的应用，掌握数字化制造技术的基本原理和方法，提高数字化制造技术的应用水平。本书旨在帮助学生了解和掌握家具数字化制造的基本理论与技术，培养学生的创新能力和实践能力，为我国家具行业和制造业的发展做出贡献。

本书的编写团队由辽宁生态工程职业学院、黑龙江林业职业技术学院的教师与企业技术人员组成，他们分别在板式家具数字化设计、数字化制造、数字化管理等方面具有丰富的教学和实践经验。

本书具有以下特点。

① 实用性强：本书注重实用性，通过实例分析和操作演示，帮助读者掌握数字化制造技术在板式家具生产中的应用方法和操作技能。

② 内容新颖：本书介绍了数字化制造技术在板式家具生产中的应用和发展趋势，使读者能够了解到前沿的技术信息。

③ 通俗易懂：本书采用通俗易懂的语言和丰富的图片，使读者能够轻松理解数字化制造技术的基本原理和操作方法。

本书可作为高等院校家具设计与制造专业的教材，也可作为家具企业技术人员和管理人员的培训教材，以及相关专业技术人员的参考书籍。

在本书的编写过程中，得到了许多专家和企业技术人员的支持和帮助，在此一并表示感谢。

编　者
2024 年 1 月

目录

项目一 板式家具数字化基础知识 // 001

任务一 板式家具数字化制造技术概述 // 002
一、板式家具数字化技术的发展背景 // 003
二、定制家具工业 4.0 与中国制造 2025 // 004
三、板式家具数字化制造技术的发展与现状 // 006
四、板式家具数字化制造技术的未来发展趋势 // 009
拓展阅读——开启家具生产新时代 // 011
任务二 板式家具材料的识别与选用 // 012
一、板式家具基材的种类与特性 // 013
二、板式家具饰面材料与封边材料的种类与特性 // 021
拓展阅读——板式家具木材资源合理利用 // 025
任务三 板式家具五金配件的应用 // 026
一、柜体连接件的种类与常规尺寸 // 027
二、家具门板配件的种类与常规尺寸 // 038
三、抽屉配件的种类与常规尺寸 // 053
四、其他功能性五金配件 // 056
拓展阅读——楷模五金的创新精神 // 066

项目二 板式家具工艺结构与智能化拆单 // 067

任务一 板式家具工艺结构 // 068
一、板式家具的组装连接 // 069
二、板式家具柜体及门板工艺结构 // 073
三、板式家具收口工艺结构 // 086
拓展阅读——志邦家居家具连接件专利 // 088
任务二 板式家具智能化拆单 // 089
一、传统拆单 // 090
二、智能化拆单 // 093

三、案例分析——更衣柜拆单　　　　　　　　　　　　// 103

同步练习　　　　　　　　　　　　　　　　　　　　// 107

拓展阅读——板式家具智能制造软件　　　　　　　　// 109

项目三　板式家具数字化生产制造　　　　　　　　// 111

任务一　板式家具数字化配料工艺　　　　　　　　　// 112

一、配料工艺介绍　　　　　　　　　　　　　　　// 113

二、数字化配料工艺　　　　　　　　　　　　　　// 113

三、设备操作　　　　　　　　　　　　　　　　　// 131

四、案例分析——板式电脑桌配料　　　　　　　　// 139

同步练习　　　　　　　　　　　　　　　　　　　// 146

拓展阅读——121 大板套裁新方案　　　　　　　　// 147

任务二　板式家具边部处理　　　　　　　　　　　　// 148

一、几种常见的边部处理工艺　　　　　　　　　　// 149

二、板式家具边部处理设备操作　　　　　　　　　// 150

三、板式家具边部处理检验　　　　　　　　　　　// 162

四、案例分析——板式鞋柜封边工艺　　　　　　　// 163

同步练习　　　　　　　　　　　　　　　　　　　// 164

拓展阅读——打造板式家具封边新标准，接轨国际前沿水平　　// 164

任务三　板式家具钻孔工艺　　　　　　　　　　　　// 165

一、板式家具"32mm"系统　　　　　　　　　　　// 166

二、常用五金配件的孔位尺寸设计　　　　　　　　// 168

三、数控钻孔设备操作方法　　　　　　　　　　　// 174

四、板式家具钻孔质量检验标准　　　　　　　　　// 187

五、案例分析——床头柜钻孔工艺　　　　　　　　// 188

同步练习　　　　　　　　　　　　　　　　　　　// 199

拓展阅读——家具孔位工艺的科技发展　　　　　　// 200

任务四　板式家具型面和曲边加工工艺　　　　　　　// 201

一、型面和曲边加工工艺　　　　　　　　　　　　// 202

二、型面和曲边加工设备及操作方法　　　　　　　// 207

三、板式家具型面、曲面加工检验标准　　　　　　// 216

四、案例分析——弧形桌面加工　　　　　　　　　// 216

同步练习　　　　　　　　　　　　　　　　　　　// 222

拓展阅读——板式家具异型工艺　　　　　　　　　// 222

任务五　板式家具包装工艺　　　　　　　　　　　　// 223

一、家具包装的意义及作用　　　　　　　　　　　// 224

二、包装材料　　　　　　　　　　　　　　　　　// 226

三、传统家具包装形式与家具数字化包装　　// 228

四、案例分析——办公家具包装实例分析　　// 230

同步练习　　// 232

拓展阅读——改进家具包装工艺，满足环保要求　　// 233

项目四　板式家具数字化制造解决方案　　// 235

任务一　板式家具数字化制造的前端销售　　// 236

一、传统的板式家具营销模式　　// 237

二、板式家具新营销模式　　// 238

三、板式家具的营销设计软件　　// 240

任务二　板式家具数字化工厂　　// 242

一、数字化工厂的概念　　// 243

二、板式家具数字化制造新模式　　// 246

三、板式家具数字化生产管理　　// 247

参考文献　　// 250

项目一

板式家具数字化基础知识

任务一

板式家具数字化制造技术概述

—— 任务布置 ——

某家具企业产品技术研发部欲进行板式家具制造技术升级，现需要人员对板式家具数字化制造技术进行调研分析。从市场推动、技术支持、行业背景、政策导向、未来发展趋势等方面进行系统整理。

—— 学习目标 ——

1. 知识目标

① 了解板式家具数字化技术的发展背景。

② 了解定制家具工业 4.0 与中国制造 2025。

2. 能力目标

能够区分板式家具传统制造技术与数字化制造技术。

3. 素质目标

① 养成独立思考的习惯。

② 培养科学严谨、精益求精的工匠精神。

③ 培养从事定制家具设计工作的创新精神。

④ 养成独立分析、独立判断的学习习惯。

—— 任务实施 ——

党的二十大报告提出，"推动制造业高端化、智能化、绿色化发展""坚持把实现人民对美好生活的向往作为现代化建设的出发点和落脚点"。"2022 世界智能制造大会"强调，要将智能制造作为制造业转型升级的主攻方向。下一步，要立足中国制造业实际情况，夯实基础、完善标准、培育生态、强化应用，加快打造智能制造"升级版"。随着人们生活水平不断提高，对家具产品一体化、数字化、智能化科技的融入呼声也越来越高，无论是民用家具还是办公家具，都已从传统的销售制造模式转型为顾客参与模式，实现顾客参与个性化设计、企业定制生产。板式家具也从传统订单库存制造模式转型为个性化订单模式。制造方式的改变，要求家具行业在订单、设计、生产、安装等环节进行改革，这也为家具制造行业的发展指明了方向。

一、板式家具数字化技术的发展背景

数字化转型是现今制造业的热门话题，也是传统制造业必须迈向的方向。它指的是企业利用数字技术来改进业务和提高效率的过程。数字化转型的背景是由信息技术迅速发展和普及带来的，互联网、大数据、人工智能等新技术在不断涌现，企业需要对其进行应用和整合，才能满足消费者的需求并保持竞争优势。在这个背景下，数字化转型的意义也变得越来越重要。首先，数字化转型可以提高企业的效率和竞争力。通过数字化技术的应用，企业可以更好地管理和利用数据，优化业务流程，提高生产效率和产品质量。其次，数字化转型还可以降低企业成本，提高产品的性价比，使企业更具有市场竞争力。

（一）板式家具制造行业主要问题

1. 销售人员与设计部门信息不对等

目前，家具企业销售模式大部分是以店面人员为主力，销售人员和客户双方约定时间、地点进行见面详谈。由于销售人员专业水平受限，设计能力上有所欠缺，多数通过店面图册、样板间、专业术语等与客户进行方案沟通。此时并不能形成完整的设计方案，仅仅通过沟通把客户的要求记录下来，形成初步注释订单。设计师再通过销售人员反馈的订单相关信息，进行初步方案设计。由于顾客和设计人员缺少面对面交流环节，设计师难以把握顾客的想法，需与顾客反复沟通修改设计方案，形成最终方案。这个过程在一定程度上会影响家具企业订单数量。

此外，销售人员将订单以电子邮件或电子传真形式传给设计部门，设计部门与销售人员容易出现信息不对等，导致订单错误或漏单现象。

2. 订单处理问题频发

家具企业接收销售部门订单后，需将订单内容进行处理。若订单是家具企业模块化产品，则直接交给生产车间排单生产；若订单是非模块化产品，则由设计人员对订单进行拆解与分析。在此过程中，若双方对家具结构、造型、色彩搭配、工艺与材料等环节出现分歧，则可能出现订单分析与处理错误以及效率低等问题。

3. 木工机械设备落后

目前大多数家具厂由于企业规模和资金等原因还没有采购相关生产软件与设备对接，导致生产过程中出现余料尺寸过大、生产效率低等问题。比如大多数中小企业在加工工序中使用单片锯、推台锯、木工四排钻等半自动化设备；板材使用上还需人工提前计算，导致出现大量余料、废料，增加了管理工作难度。此外，这些半自动化设备无法和相关生产软件对接，无法进行车间改造升级，实现数字化制造工厂。这将阻碍家具企业规模的扩大与发展。

4. 包装与安装环节不规范

定制家具在包装环节，由于家具零部件数量较多，且规格尺寸大小不一，容易在包装过程中出现漏包或错包，最终导致安装工在现场找不到零部件，不能一次将家具产品安装完成，容易使客户体验差，对家具企业印象不好，等等，进一步影响家具企业形象。

二、定制家具工业 4.0 与中国制造 2025

随着信息化时代的发展，各行各业都已进入互联网时代，多数家具企业为了推动行业的发展已开始转型数字化设计制造技术，为定制家具行业带来巨大变革和效益。目前，数字化设计制造技术已经在少数企业进行应用，但要全方面普及家具数字化技术，实现智能设计与智能制造加工大厂还有一段探索的路要走。随着"智能+"时代的到来，大数据、人工智能、物联网、云计算等新一代信息技术的出现，吹响了家具工业 4.0 的号角。在数字化、智能化的大趋势下，智能设计与智能制造为传统中国家具带来了全新应用场景。

（一）工业 4.0 的概念

工业 4.0 是由德国联盟教研部与联邦经济技术部联手推动的战略性项目，被看作是提振德国制造业的有力催化剂，也被认为将是全球制造业未来发展的方向。这一趋势被称为"第四次工业革命"——工业 4.0。这一前瞻性的做法，也使得德国在 2009～2012 年的欧洲债务危机中得以幸免，经济依然坚挺。从工业 1.0 到工业 4.0，每一次革命的交替，都伴随着社会的发展、国家的崛起以及人类文明的进步。如今随着生产工艺及科学技术的发展，工业 4.0 被更多的国家提及并重视。工业 4.0 的根本目标是提高制造业的智能水平，建立适应性强、资源效率高和人为因素影响低的智能工厂，将客户和业务合作伙伴整合到业务流程与价值流程中。

（二）纵观工业革命发展

工业革命可分为四个阶段（图 1-1）。

1. 工业 1.0（机械制造时代）

机械制造时代，即通过水力和蒸汽机实现工厂机械化，时间为 18 世纪末至 20 世纪初。

图 1-1　工业革命的四个阶段

2. 工业 2.0（电气化与自动化时代）

电气化与自动化时代，即采用电力驱动，形成批量流水线生产作业，大幅提高加工效率，降低生产成本，时间为 20 世纪初期到 20 世纪 70 年代。

3. 工业 3.0（电子信息化时代）

电子信息化时代，即广泛应用电子与信息技术，使制造过程自动化控制程度进一步大幅度提高。时间为 20 世纪 70 年代开始，木工设备主要有电子开料锯、全自动直线封边机、数控排钻等。至今国内仍有很多企业使用这些设备。

4. 工业 4.0（智能制造时代）

工业 4.0 是实体物理世界与虚拟网络世界融合的时代，是产品全生命周期、全制造流程数字化以及基于信息通信技术的模块集成，将形成一种高度灵活、个性化、数字化产品及服务的新生产模式。智能制造时代从 2010 年开始，家具制造企业加大数字化投入，引进智能设备，并进行数字化融合。

（三）中国制造 2025

2015 年 5 月 8 日国务院印发《中国制造 2025》，文中指出：制造业是国民经济的主体，是立国之本、兴国之器、强国之基。十八世纪中叶开启工业文明以来，世界强国的兴衰史和中华民族的奋斗史一再证明，没有强大的制造业，就没有国家和民族的强盛。打造具有国际竞争力的制造业，是我国提升综合国力、保障国家安全、建设世界强国的必由之路。

新中国成立尤其是改革开放以来，我国制造业持续快速发展，建成了门类齐全、独立完整的产业体系，有力推动工业化和现代化进程，显著增强综合国力，支撑我世界大国地位。然而，与世界先进水平相比，我国制造业仍然大而不强，在自主创新能力、资源利用效率、产业结构水平、信息化程度、质量效益等方面差距明显，转型升级和跨越发展的任务紧迫而艰巨。

当前，新一轮科技革命和产业变革与我国加快转变经济发展方式形成历史性交汇，国际产业分工格局正在重塑。必须紧紧抓住这一重大历史机遇，按照"四个全面"战略布局要求，实施制造强国战略，加强统筹规划和前瞻部署，力争通过三个十年的努力，到新中国成立一百年时，把我国建设成为引领世界制造业发展的制造强国，为实现中华民族伟大复兴的中国梦打下坚实基础。

目前中国制造业仍处于工业化进程中，与先进国家相比还有较大差距；制造业大而不强，自主创新能力弱，关键核心技术与高端装备对外依存度高，制造业创新体系不完善；产品档次不高，缺乏世界知名品牌；资源能源利用效率低，环境污染问题突出；产业结构不合理，高端装备制造业和生产性服务业发展滞后；信息化水平不高，与工业化融合深度不够；产业国际化程度不高，企业全球化经营能力不足。"中国制造 2025"规划应运而生。

三、板式家具数字化制造技术的发展与现状

随着智能时代的到来，数字化制造模式已经深入家具行业，也已成为定制家具企业发展的主要趋势，以此增加企业的核心竞争力。数字化制造技术结合先进的管理模式，促进家具企业新一轮的发展，极大增加家具企业的生产效率和管理水平。

我国定制家具行业起步于 20 世纪 90 年代，随着经济水平的发展，消费者对生活品质的要求越来越高，人们对家具的个性化要求也越来越高，但在当时传统的家具企业无法满足客户的要求。随着制造技术的不断升级，制造水平的不断提高，家具企业紧跟市场需求，不断地对产品及设备进行更新与迭代，家具行业也得以迅速发展。

（一）数字化概念

数字化是指通过网络、计算机、人工智能等将信息转变为可度量的数据，使数据经过存储、传输、处理、更新、维护，来实现既定目标的过程。企业数字化制造可以理解为企业制造活动通过计算机和网络实现，即企业的生产资料、运营报表、加工方案、人力资源和财务可实现数字化处理。

（二）应用现状

当前定制家具企业主要应用数字化平台进行企业产品宣传（短视频、公众号、小程序），应用数字化软件进行设计（CAD、SolidWorks、2020、酷家乐、阿尔法家），应用数字化管理平台（ERP、MES、OA、PLM）和数字化设备（CNC）等来实现家具企业数字化转型。例如南京开来橱柜与阿尔法家软件公司合作，将传统定制家具企业转型为定制家具企业数字化销售、数字化设计、数字化排单、数字化生产、数字化出库等系统，加速企业规模的壮大与发展。目前多数家具企业也陆续向数字化制造系统转型，但是在数字化发展平台上和企业管理流程方面还需要进一步研究和实践。

（三）定制家具企业数字化制造与管理

定制家具企业数字化制造与管理的构成及运行机制主要包括以下几方面。

第一方面为理论构成。很多资深设计专家和业内人士对理论方面做出相关研究，例如，吴智慧提出定制家具产业的制造模式，学习借鉴"工业4.0"，通过"互联网＋大数据＋云计算＋智能化"，把网络信息技术作为定制家具企业重构的核心技术，重新构建企业制造和管理模式，进行商业模式创新，产业链互通，通过信息化系统（ERP/MES/CRM/PDM/CIMS），对企业的各个环节进行整合和重建。业内人士熊先青提出，数字化是运用信息技术、数字技术的手段和思想对企业组织架构、业务流程进行全面优化和根本性改革。数字化定制家具生产是在以客户为中心的基础上，对家具产品进行模块化、零部件标准化设计，通过精益生产，敏捷制造和全生命周期的信息化管理技术手段，向顾客提供低成本、高质量、短交货期的定制产品。陈志刚提出企业数字化是现代信息技术在企业生产经营管理中的综合应用，是实现以家具产业为代表的传统产业改造和提升企业管理效率和效果的重要工具。通过数字化建设，实现企业生产和管理的变革，已经成为企业管理变革的重要发展趋势。

第二方面为技术构成。硬件设施是家具企业不可缺少的一部分，也是家具企业的基础设施，其中包括多媒体设施、计算机、数控加工车床、智能加工软件、仓储设备等。定制家具企业要根据自身发展在硬件设施上进行改造和重建。随着软件技术不断发展，多数企业都已采购各种生产软件等配套设施。例如企业资源（EPR）、客户关系管理（CRM）、供应链管理（SCM）、产品数据管理（PDM）、制造执行系统（MES）、数据库管理系统（DBME）等。随着软件技术升级和性能不断完善，家具企业数字化制造技术也将越来越成熟。

第三方面为数据库技术。数据库技术用于研究数据的储存、使用和管理。以前的家具企业通过文件的形式进行统计数据和管理，其中存在一定缺陷，比如数据独立性差、文件结构化程度低、数据信息容易丢失等。企业为了解决用户在数据上的困扰，开发出统一管理数据的数据库系统。

第四方面为多媒体技术。借助计算机处理相关数据、图形、文字、影音。多媒体技术具有集成性、交互性，以及处理数据类型方式的多维度、多元化等特点，通过对多媒体数据进行有效管理，提高了企业信息处理能力，降低成本，提高效益。

第五方面为大数据技术。企业要转型为数字化生产模式，必将产生大量大数据，将会面临分析和存储等问题，由此大数据技术得以快速发展。大数据一般具有4个特征即"4V"，volume（大容量）、variety（多种类）、velocity（快反馈）、value（价值性）。

（四）板式家具数字化制造技术发展系统

要实现家具企业数字化转型，就需要各类数字化智能制造系统和设备高度融合，其融合程度的高低直接影响智能化制造系统。目前企业使用的设备涉及多个系统对接软件及数据传输，例如：微信订单跟踪系统、自助下单系统、门店下单系统等用户交互界面。其功能模块涉及大数据基础应用平台、设计系统、菜单系统等。数据采集模块涉及MES系统、数据采集单元及数据传输单元等。数据储存模块包含业务数据库、实时历史数据库等。

各个模块运行功能：数据采集模块根据排单生产任务和加工工艺流程，采集各个工序的生产加工数据和各类传感器信号，对加工设备全方面进行控制和监控；接下来把收集的数据信息传输到功能运用系统；业务数据库储存加工过程中产生的各项数据；拆单系统是基于ERP系统的订单需求，对新订单自动进行拆单设计，根据木工的生产工艺流程把生产数据传输到设备当中。备料系统：根据各设备的实际生产状态，动态调度，并将绑定生产标准的生产工单下达到木工生产制造过程中的设备机台，按照工单要求生产；基于生成的生产工单，自动生成BOM表，根据BOM表所需原材料，对木材材料进行扫码出库，形成出库单；生产跟踪系统根据生产工艺流程，执行生产指令，并对投放的木材材料进行扫码投料确认，对工单的执行情况进行跟踪和记录，并将相关信息实时存储到数据存储模块。

（五）板式家具智能化生产的一般流程

板式家具智能化生产的一般流程（图1-2）如下。

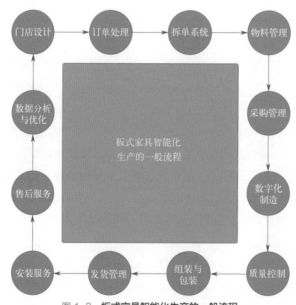

图1-2　板式家具智能化生产的一般流程

① 门店设计：利用数字化设计工具，门店可以快速根据顾客的需求和偏好设计出定制家具的3D模型，并进行实时展示。

② 订单处理：顾客确认设计后，订单信息将被数字化输入系统，包括尺寸、材质、颜色等详细规格。

③ 拆单系统：系统将设计好的家具模型拆解成生产所需的各个部件，并生成生产所需的详细工艺文件。

④ 物料管理：根据拆单结果，物料管理系统自动计算所需材料的种类和数量，确保材料的精确采购和库存管理。

⑤ 采购管理：数字化采购系统根据物料需求自动下单，跟踪供应商的送货进度，并确保材料按时到达。

⑥ 数字化制造：采用先进的数字化制造设备，根据数字化工艺文件自动进行精确加工；在生产过程中，每个部件都会被赋予独特的条码标识，实现生产进度和质量的实时监控。

⑦ 质量控制：通过数字化质量控制系统，对生产出的部件进行自动检测，确保产品符合设计和质量标准。

⑧ 组装与包装：部件生产完成后，根据数字化组装指导进行组装，并进行条码化包装，以便于物流跟踪。

⑨ 发货管理：数字化物流系统根据订单信息和库存状态自动安排发货计划，确保产品按时送达。

⑩ 安装服务：提供数字化安装指导，确保安装人员能够根据详细的安装图纸快速、准确地完成家具安装。

⑪ 售后服务：通过数字化客户服务平台，收集顾客反馈，提供快速响应的维护和维修服务。

⑫ 数据分析与优化：利用收集到的生产和客户数据进行分析，不断优化产品设计、生产流程和服务质量。

四、板式家具数字化制造技术的未来发展趋势

在定制家具模式背景下，家具企业也开始转型，逐渐向工业 4.0 方向靠拢。数字化、信息化是其中变化的最为重要的新动力。目前以索菲亚、尚品宅配、欧派为代表的企业已经转型为数字化制造家具企业，这些企业成功转型也为将来的家具企业新模式提供了思路，当前家具企业向数字化转型已经成为当今制造业的趋势。智能化制造概念由德国首先提出，它基于信息化传输系统连接人和设备以及产品，实行高效率生产加工，组建智能化制造平台和定制化产品。德国将传统制造模式升级为智能制造模式的目的在于提升企业竞争力，增加企业高新技术实力。中国根据企业实际情况，制定了"中国制造 2025"，将中国制造业引向智能化。家具产品作为制造业当中的一部分，传统的生产模式已经满足不了现代化需求，其中包含劳动力需求量大、车间布局不规范、产品出货周期长等问题，向数字化智能家具发展成为必然趋势。家具企业实现智能化制造，将进一步提高产品质量，实现产品定制化，生产绿色无污染型家具产品。传统家具生产模式也将一步步向智能制造转型，将家具产品数字化、信息化、网络化、智能化进行深度融合。

（一）家具产业智能制造数字化转型

实现数字化是实现智能制造的前提，数字化主要是指应用计算机把各项数据进行统一分析处理，其中包括图形、数字、文字、声音等。2019 年 9 月 4 日，《工业大数据发展指导意见（征求意见稿）》围绕资源、融合、产业和治理四大体系，提出了加强工业大数据资源采集汇聚、推动工业大数据全面深度应用、提升工业大数据技术能力、完善工业大数据法规标准环境等九大项内容，以及建设重点产业、重大工程数据库以及构建工业经济运行"一张图"等三大推进工程。吴智慧教授提出了智能制造概念，就是传统的信息技术和新一

代数码技术（大数据、物联网、云计算、虚拟现实、人工智能等）在制造生命周期中的应用。家具产业要实现数字化，即是在保留企业原有模式的基础上，能够适应网络市场环境的变化，形成以数字化为核心的家具产业生产链。

家具产业从原始的手工制作到今天的智能制造，经历了漫长的发展过程，不同时期的发展取得了一定的成绩，但要进行数字化转型，需让数据"自由行"，包括决策模式、研发模式、制造模式、运营模式、服务模式、商业模式等，都需要大数据分析、决策和维护，因而完全实现家具产业的数字化转型还需要从设计、制造、管理和服务四个智能化方面进行改进。

（二）家具产业设计智能化转型

家具产业设计智能化主要体现在智能家具产品的设计和研发。设计的智能化要求设计过程中的无纸化，运用设计软件系统进行规范化设计，形成标准化的模块，避免传统图纸设计存在的误差等细节问题，最终将设计也带入整个智能化产业链中。三维参数化设计软件、揉单技术、标准化等是现在家具企业采用的主要方式。但目前国内家具企业设计软件运用最广泛的 AutoCAD 和 3DS MAX，智能化程度并不高，无法将生产数据和设计参数进行直接对接。由此产生了数据化设计软件，如阿尔法家、2020、SolidWorks、imos3D、MI-Crovellum、Topsolid Wood 等，具有专门的木制品三维工程设计模块，不仅解决了家具数字化设计与数字化生产之间的对接问题，而且通过三维模型的建立与系统自动进行二维一体化展现，可以将客户的定制要求即时反映在系统中，创建新的需求模型或者修改之前的模型，时刻满足客户的定制需求，实现客户参与设计。同时三维可视化图纸直接转换成二维生产数据，初步实现设计与生产一体化。设计软件不断地被优化，被开发新的模块，适应不同家具生产需要，如 SAP、Oracle、Epicor、Wcc、2020、EMOS、Topsolid Wood、鼎捷、用友、广州华广、金蝶、广州伟伦、商川、造易等。其中，2020 设计软件主要用于板式定制家具生产，而阿尔法家不仅用于板式定制家具，也用于框架式实木家具三维数字化生产设计。软件在升级，家具产业及时跟进应用，设计智能化已经成为企业迅速占领市场的必选工具。

（三）管理智能化

目前大部分家具企业都实行企业资源计划（ERP）。虽然还不能完全适应家具企业，但它的供应链管理、流程优化、实时监控、工厂与设备管理等制度对于促进家具企业的数字化转型起到了推动作用。而制造企业生产过程执行管理系统（MES）是随着数字化转型而升级提出的，它强调的是对于整个生产链的优化，而不仅仅是某个生产环节的改善。它确保数据的实时收集，并能实时做出分析。MES 将原来的手工图纸的传递过程优化成了系统数据的传输。它对于定制家具企业的作用主要体现在现场的实时监控和管理、设备运行的维护，以及生产进度的追踪。

（四）服务智能化

传统的家具服务模式是将所有的产品摆放在实体店中，由销售人员熟背产品特征，向客户逐一介绍，人工收集客户采购信息，一个月后汇总给车间。这严重滞留了客户的需求信息，使产品生产更新缓慢，无法快速响应市场。服务智能化，将云计算技术运用到家具订单信息和客户信息等大数据中，实现信息智能化管理。客户只需要输入定制的房间尺寸比例，便能从数据库中得到匹配的家具产品，进行模块化组装，最终进行颜色调整和尺寸设计。设计后下单便可将信息发送给生产部门，以最快的速度进行生产。同时数据库内还实时更新着市场信息，包括热门的家具风格、家具颜色、家具价格等。通过数据处理和分析，还能预测家具市场的流行趋势，实时为客户提供家具选择，实现精准服务。另外，可以促进家具物流智能化追踪。将物联网技术与家具物流结合，采用扫码技术，识别每个家具零部件的身份证（标签），标签内包含该零部件的客户订单信息、材料材质、规格尺寸等详细信息，消费者可通过扫码准确查询到整个家具生产运输的情况。运用工业大数据提供服务平台，将人工智能与智能制造应用于产业服务。

中国智能家具正在迅速发展，虽然与冶铁、汽车制造业相比，家具智能化制造技术还处于低级阶段，工厂生产还没有真正实现人工智能、数字化生产，但国内外家具市场需求巨大，快速响应市场是家具企业生存的关键。传统生产模式不太适应人们的快节奏生活，很难满足国家环保要求，家具产业数字化转型迫在眉睫。解放劳动力，提高产品质量，将智能工厂搬到家具企业，做到知行合一，也就是耳聪目明、听话出活、随机应变、持续改善，将人工智能技术、语音识别、图像识别、智能机器人、设备 PHM、质量检测和产线管控应用到家具生产各个领域，覆盖从研发创新、生产管理、质量管控等多个方面，为中国家具在设计生产、技术创新、品牌影响等方面始终占据世界前沿提供思路。

拓展阅读　　开启家具生产新时代

目前，在全球范围内掀起了新一轮的科技革命和制造业变革浪潮，"互联网 +""工业 4.0""智能化"等词汇频繁出现。为了迎接制造业新时代，各国纷纷抛出刺激实体经济增长的国家战略计划。在这样的变革背景下，中国在 2015 年提出"中国制造 2025"，采取科技和经济结合的方式，将互联网技术和企业生产紧密联系，使科技推动企业进步发展。

家具行业作为典型的制造行业，已不再是传统经济时代的大批量生产模式，而是结合了互联网、大数据、智能制造等技术，实现企业制造与科技的结合，逐渐转变为以制造为基础的解决家居系统方案的服务模式，如全屋定制、集成家居等成为家具企业的发展新方向。

智能制造技术逐渐融入家具企业的制造环节中，家具企业正逐步向数字化转型，国内多家知名家具企业已经在智能制造设备和软件的升级中得到飞速发展，为中国板式家具数字化制造技术开辟了一条高速通道。数字化制造不仅可以提高生产效率和产品质量，还可以促进环保和社会可持续发展，为行业和社会做出突出贡献。

任务二

板式家具材料的识别与选用

—— 任务布置 ——

    某家具企业采购部欲进行板式家具材料调研分析，现需要部门人员以走访企业、调研市场、网络查询等方式对板式家具材料进行归纳整理，主要从板式家具基材、饰面材料、封边材料等方面入手。

—— 学习目标 ——

1. 知识目标

① 掌握板式家具常用人造板的结构特点和性能。

② 了解各种人造板的国家标准。

2. 能力目标

① 能识别和选用板式家具等木制品生产常用结构材料。

② 能识别和选用板式家具等木制品生产常用装饰材料。

3. 素质目标

① 养成独立思考的习惯。

② 培养科学严谨、精益求精的工匠精神。

③ 培养从事定制家具设计工作的创新精神。

④ 养成独立分析、独立判断的学习习惯。

一、板式家具基材的种类与特性

（一）刨花板

1. 刨花板概念与分类

刨花板（图1-3）也叫颗粒板，是指将各种枝芽、小径木、速生木材、木屑等切削成一定规格的碎片，经过干燥，拌以胶料、硬化剂、防水剂等，在一定的温度压力下压制成的一种人造板，颗粒排列不均匀。刨花板虽然也叫颗粒板，但与实木颗粒板不是同一种板材。实木颗粒板只是加工工艺与刨花板类似，但在品质上要远远高于刨花板。

图 1-3 刨花板

刨花板分类如下。

（1）按照刨花板结构分类

可分为单层结构刨花板、三层结构刨花板、渐变结构刨花板、定向刨花板、华夫刨花板和模压刨花板。

（2）按照制造方法分类

可分为平压刨花板、挤压刨花板。

（3）按照所使用的原料分类

可分为木材刨花板、甘蔗渣刨花板、亚麻屑刨花板、棉秆刨花板、竹材刨花板和石膏刨花板。

2. 刨花板规格及外观质量

① 刨花板有 4ft×8ft（1219mm×2438mm）、5ft×8ft（1524mm×2438mm）、6ft×8ft

（1828mm×2438mm）和 4ft×9ft（1219mm×2743mm）等几个常用幅面。刨花板常用厚度为：4mm、5mm、6mm、8mm、10mm、12mm、16mm、18mm、22mm 和 25mm。

② 刨花板外观质量和尺寸偏差应符合国家标准相关要求（表 1-1 和表 1-2）。

表 1-1　尺寸偏差要求

项目		基本厚度范围	
		≤ 12mm	> 12mm
厚度偏差	未砂光板	$^{+1.5}_{-0.3}$mm	$^{+1.7}_{-0.5}$mm
	砂光板	±0.3mm	
长度和宽度偏差		±2mm/m，最大值 ±5mm	
垂直度		< 2mm/m	
边缘直度		≤ 1mm/m	
平整度		≤ 12mm	

注：此表摘自国家标准《刨花板》（GB/T 4897—2015）。

表 1-2　刨花板外观质量

缺陷名称	要求
断痕、透裂	不允许
压痕	肉眼不允许
单个面积大于 40mm^2 的胶斑、石蜡斑、油污斑等污染点	不允许
边角残损	在公称尺寸内不允许
	注：其他缺陷及要求由供需双方协商确定

注：此表摘自国家标准《刨花板》（GB/T 4897—2015）。

3. 刨花板的特点与应用

（1）刨花板的特点

优点：刨花板的原材料价格相对较低，生产成本也较低，因此价格较为经济实惠；刨花板的材质比较松软，易于进行切割、钻孔、开槽等加工操作，可以根据需要制作出各种形状和规格的家具与建筑构件；刨花板的表面比较平整，没有明显的木纹和瑕疵，可以通过贴面、涂漆等方式进行装饰，使其表面更加美观；刨花板的内部结构疏松，具有较好的保温和隔声性能，适用于制作隔墙、天花板等建筑构件；刨花板的原材料主要是木屑和碎片，属于废弃物再利用，具有较好的环保节能效果。

任何物质都有两面性，有优点也存在缺点。刨花板的缺点是由于其内部的颗粒状结构，因此不太易于切割，在裁板的时候很容易造成暴齿的现象，所以对部分工艺的加工设备要求较高，不适宜现场制作；刨花板的边缘粗糙，很容易吸湿，作为家具边缘暴露部分则需要采取相应的封边处理，以防止变形。

（2）刨花板的应用

基材：工业等级刨花板适于作贴面的基材，很多贴面材料均可用。刨花板密度均匀，厚薄公差小，表面光滑，是非常好的贴面基材（图 1-4）。

家具箱柜：可用刨花板作箱柜的架子、边板、背板、抽屉、门和其他部件。由于刨花板本身制造成本低廉，可塑性强，且效果明显，所以赢得了大部分生产厂家的认可。

柜台面：当刨花板应用于柜台面时，由于刨花板尺寸稳定，平整，光滑，无节疤或空洞，具有高冲击度，易贴面，因此可作柜台面的芯板，不仅外形美观精致，而且使用寿命足够长（图1-5）。

图1-4 三聚氰胺双饰面刨花板　　　　　图1-5 刨花板柜台面

4. 定向刨花板与轻质高强刨花板

定向刨花板（OSB）：与普通刨花板相比，OSB使用大片刨花定向铺装，其纵向结构均匀性好，静曲强度高，握螺钉能力强，而且防潮性能优良。然而，OSB表面粗糙，极少直接应用于定制家具生产，只有部分经涂饰后用于个性化比较强的室内装饰装修，以及部分经单板或薄型纤维板贴面后，再经浸渍胶膜纸饰面应用于定制家具生产。但是，采用这种饰面后的定向刨花板的成本偏高，推广应用前景不是很好。

轻质高强刨花板：是指以MDI为胶黏剂，芯层采用木质大片薄刨花非定向铺装生产制得的低密度、高强度刨花板。这类刨花板采用非定向铺装工艺，各方向性能均衡，因此性能相对更稳定。轻质高强刨花板的生产质量关键技术点主要有两大方面：一是大片刨花的制备与干燥，要求长80～120 mm、宽20～25 mm、厚0.5～0.8 mm的大片刨花占75%以上，且干燥工序中刨花形态不会被过多破碎及蜷曲变形；二是采用高压雾化施胶确保施胶均匀。随着生产技术的提升，多家刨花板企业已能生产轻质高强刨花板。目前，轻质高强刨花板主要用于制作定制家具中的大幅面部件。随着消费水平的升级换代，定制家具高环保性能的"轻奢风"越发流行，更加重视视觉一体化，出现了一些大幅面一体化应用刨花板的产品结构，如图1-6所示。该类产品的高门板所用板材要具有高强度、抗变形、重量轻的特点，以保证产品耐用、不变形。而轻质高强刨花板就具有质轻、高强、防潮、防变形、高环保的特点，满足了该类定制家具结构的要求。

5. 刨花板的选购

选规格：不同品牌、不同供应商和不同质量的刨花板价格不一，板式家具企业常用刨花板规格为4ft×8ft（1219mm×2438mm）和4ft×9ft（1219mm×2743mm），厚度根据实际需要选购，市面板材价格区间通常为 80 ～ 160 元 / 张。

刨花板外观质量：首先要检查板材表面，一般要求光滑平整、饰面无破损、厚度均匀、表面没有油污和水渍，还要注意边角不能有缺陷及断裂，内部掺杂金属杂物等是不允许的。

闻味道：我国规定，100g 刨花板中不能超过 50mg 的游离甲醛含量。选购时可以用鼻子闻一闻样板，如果板中带有强烈的刺激味道，说明板件中甲醛含量可能超标，尽量不要选择。

（二）纤维板

1.纤维板概念

纤维板（图 1-7）也称密度板，是以木材或其他植物纤维为主要原料，加入添加剂和胶黏剂，在加热加压条件下制成的一种板材。纤维板因做过防水处理，其吸湿性比木材小，形状稳定性、抗菌性都较好。纤维板结构均匀，板面平滑细腻，容易进行各种饰面处理，芯层均匀，厚度、尺寸、规格变化多，可以满足多种需要。根据密度不同，纤维板分为低密度板、中密度板和高密度板。

图 1-6　轻质高强刨花板用于高门板产品

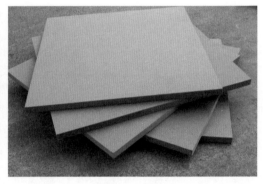

图 1-7　纤维板

家具制造所用的纤维板多为中密度纤维板。中密度纤维板是以木质纤维或其他植物纤维为原料，施加脲醛树脂或其他合成树脂，在加热加压条件下压制而成的密度为 $0.50 \sim 0.88 \mathrm{g/cm^3}$ 的板材，也可以加入其他合适的添加剂以改善板材特性。中密度纤维板具有良好的物理力学性能和加工性能，可以制成不同厚度的板材，因此被广泛用于家具制造。

2.按原料、处理方式、密度分类

（1）按原料分类

可分为：木质纤维板，它是用木材废料加工而成的；非木质纤维板，它是以芦苇、稻草等草本植物或竹材等加工而成的。

（2）按处理方式分类

可分为：特硬质纤维板，它是经过增强剂或浸油处理的纤维板，其强度和耐水性好，

室内、室外均可使用；普通硬质纤维板，它是没有经过特殊处理的纤维板。

（3）按密度分类

可分为：高密度纤维板，其密度大于 800kg/m³；中密度纤维板，其密度为 500 ～ 700kg/m³；低密度纤维板，其密度小于 400kg/m³。

3.按所用的胶黏剂分类

（1）脲醛树脂中密度纤维板

采用脲醛树脂为胶黏剂。这种板材有较好的物理力学性能，价格低，是我国目前使用最多、产量最高的中密度纤维板。其主要缺点是耐水性差，只能用于室内。在生产过程中必须严格控制配方，不然将会散发对人体有害的甲醛气体。

（2）酚醛树脂中密度纤维板

采用酚醛树脂为胶黏剂。这种板材不仅有较好的物理力学性能，而且耐水性好，具有较强的抗菌、抗腐蚀，以及抗白蚁、抗虫蛀能力，有一定的阻燃性，但价格较贵，多用于室外或潮湿环境。

（3）异氰酸酯中密度纤维板

采用异氰酸酯为胶黏剂。这是一种新型的胶黏剂，制造的板材具有较好的物理力学性能和耐水性，在生产和使用过程中不散发任何有害的气体。用较高施胶量制造的板材性能极好，可用于室外；用较低施胶量制造的板材适用于室内。目前这种胶黏剂价格高，用者尚少，但有发展前途。

4.按用途分类

（1）室内用板

这种板材有较好的物理力学性能，但耐水性差。

（2）室外用板

这种板材不仅有较好的物理力学性能，而且耐水性好，具有较强的抗菌、抗腐蚀，以及抗白蚁、抗虫蛀能力。

（3）特殊用途板

特殊用途，如阻燃板、防腐板等。

5.中密度纤维板等级

中密度板纤维板按国家标准《中密度纤维板》（GB/T 11718—2021）分为三等，分别是特等品、一等品、二等品。其中，砂光板面质量要求见表1-3。

表 1-3　砂光板面质量要求

名称	质量要求	允许范围	
		优等品	合格品
分层、鼓泡或炭化	—	不准许	
局部松软	单个面积≤2000mm²	不准许	3个
板边缺损	宽度≤10mm	不准许	允许
油污斑点或异物	单个面积≤40mm²	不准许	1个
压痕	—	不准许	允许
同一张板不应有两项或两项以上的外观缺陷			

注：此表摘自国家标准《中密度纤维板》（GB/T 11718—2021）。

（三）胶合板

1. 胶合板的概念

胶合板（图1-8）是由木段旋切成单板或由木方刨切成薄木，再用胶黏剂胶合而成的三层或多层的板状材料，通常用奇数层单板，并使相邻层单板的纤维方向互相垂直胶合而成。

胶合板是家具常用材料之一，为人造板三大板之一，亦可用于飞机、船舶、火车、汽车、建筑和包装箱等。一组单板通常按相邻层木纹方向互相垂直组坯胶合而成，通常其表板和内层板对称地配置在中心层或板芯的两侧。用涂胶后的单板按木纹方向纵横交错配成的板坯，在加热或不加热的条件下压制而成。层数一般为奇数，少数也有偶数。纵横方向的物理、力学性质差异较小。常用的胶合板类型有三合板、五合板等。胶合板能提高木材利用率，是节约木材的一个主要途径。

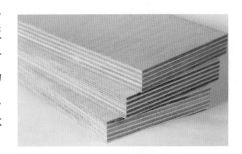

图 1-8　胶合板

2. 胶合板的分类

① 按用途分为普通胶合板和特种胶合板。

② 普通胶合板分为Ⅰ类胶合板、Ⅱ类胶合板、Ⅲ类胶合板，分别为耐候、耐水和不耐潮胶合板。

③ 普通胶合板按表面砂光与否分为未砂光板和砂光板。

④ 按树种分为针叶树材胶合板和阔叶树材胶合板。

3. 胶合板的特点与应用

（1）胶合板的特点

胶合板重量轻，质地清晰，抗弯性能优异，不易变形，运输施工方便，装饰效果好，但是承重能力相比细芯板要更差些。胶合板耐候性强，使用寿命长，广泛应用于家具、船舶和火车。胶合板生产过程中，对木材的利用率较高，能够有效节约木材，是一种绿色环保的板材。

（2）胶合板的应用

由于胶合板具有容重轻、强度高、施工方便、不翘曲、胶合板变形小等特点，因此板幅大，施工方便。另外胶合板还具有良好的横纹抗拉性，使得其应用领域十分广泛。胶合板可应用于家具制造方面，如柜子、桌椅等制作；室内装修的天花板；混凝土建筑模板等。

4.胶合板的选购

（1）观察胶合板表面

观察胶合板表面是否有裂缝、虫孔、鼓泡、污渍等不良痕迹。有些胶合板粘贴两块不同线条的单板，所以在购买时要看胶合板的接缝是否紧密，是否有不均匀之处。

（2）观察颜色及纹理是否一致

因为有些胶合板是粘贴的，所以应该观察它的颜色是否一致，纹理是否一致，木材颜色和家具油漆的颜色是否协调，购买的胶合板其颜色应该与装饰的整体效果相协调。

（3）测量胶合板的实际厚度

测量胶合板的实际厚度是否与商家销售时标明的厚度一致，防止偷工减料。

（4）检查胶合板的做工是否精细

因为胶合板是用两块单板粘贴的，所以必然会有正面和背面。胶合板的板面层应木纹清晰，正面应光滑。最好不要有粗糙或刺手的感觉，最好不要有节点。如果胶合板脱胶，不仅会影响施工，还会造成污染。因此，在选择时，可以用手轻轻敲打板材，如果发出清脆的声音，则表明板材粘贴良好；如果发出沉重的声音，则表明板材脱胶。

（5）注意胶合板的胶合性能

选择胶层结构稳定、无开胶现象的板材，购买时可手敲胶合板各部位，声音脆通常证明质量好，如果声音闷，说明胶合质量差。

图1-9　细木工板

（四）细木工板

1.细木工板的概念

细木工板属于一种特殊的胶合板，是由木条沿顺纹方向组成板芯，两面粘有单板或胶合板的一种人造板，或者说是具有实木板芯的胶合板，俗称大芯板（图1-9）。

2.细木工板的分类

① 按板芯拼接状况分为胶拼细木工板、不胶拼细木工板。

② 按表面加工状况分为单面砂光细木工板、双面砂光细木工、不砂光细木工板。

③ 按层数分为三层细木工板、五层细木工板、多层细木工板。

3. 细木工板的标准与规格

（1）细木工板的国家标准

《细木工板》（GB/T 5849—2016）规定了细木工板的术语和定义、分类和命名、组坯指南、要求、检验方法、检验规则，以及标志、标签、包装和贮运。该标准适用于细木工板。

（2）细木工板规格

细木工板规格一般为 2240mm×1220mm×12mm、2240mm×1220mm×15mm、2240mm×1220mm×18mm、2240mm×1220mm×20mm。一般细木工板越厚，板材的承重能力越好，12mm 厚度的细木工板多用于制作门套或窗套，18mm 厚的细木工板多用于制作家具等，细木工板幅面尺寸应符合表 1-4 规定。

表 1-4　细木工板幅面规格尺寸

宽度 /mm	长度 /mm				
915	915	—	1830	2135	—
1220	—	1220	1830	2135	2440

注：此表摘自国家标准《细木工板》（GB/T 5849—2016）。

4. 细木工板的选购

① 细木工板的质量等级分为优等品、一等品和合格品。细木工板出厂前，应在每张板背右下角加盖不褪色的油墨标记，表明产品的类别、等级、生产厂代号、检验员代号；类别标记应当标明室内、室外字样。如果这些信息没有或者不清晰，消费者就要注意了。

② 外观观察：挑选表面平整、起皮少的板材；观察板面是否有起翘、弯曲，有无鼓包、凹陷等；观察板材周边有无补胶、补腻子现象。查看芯条排列是否均匀整齐，缝隙越小越好。板芯的宽度不能超过厚度的 2.5 倍，否则容易变形。

③ 用手触摸：展开手掌，轻轻平抚木芯板板面，如感觉到有毛刺扎手，则表明质量不高。

④ 用双手将细木工板一侧抬起，上下抖动，倾听是否有木料拉伸断裂的声音，有则说明内部缝隙较大，空洞较多。优质的细木工板应有一种整体感、厚重感。

⑤ 从侧面拦腰锯开后，观察板芯的木材质量是否均匀整齐，有无腐朽、断裂、虫孔等，实木条之间缝隙是否较大。

⑥ 将鼻子贴近细木工板剖开截面处，闻一闻是否有强烈刺激性气味。如果细木工板散发清香的木材气味，说明甲醛释放量较少；如果气味刺鼻，说明甲醛释放量较多，建议不要购买。

二、板式家具饰面材料与封边材料的种类与特性

为了改善家具的物理力学性能和表面装饰质量，进一步提高使用价值和扩大应用范围，还需要用饰面材料和封边材料对产品进行饰面及封边处理。

（一）饰面材料

1. 薄木

薄木贴面（图1-10）是指将具有珍贵树种特色的薄木贴在基材或板式部件的表面。这种工艺历史悠久，能使零部件表面保留木材的优良特性并具有天然木纹和色调的真实感，至今仍是深受欢迎的一种表面装饰方法。薄木是家具制造与室内装修中采用的一种天然的高级的贴面材料。装饰薄木的种类较多，一般具有代表性的分类方法是按薄木的形态及厚度进行的。

图1-10　薄木贴面

（1）按薄木形态分类

① 天然薄木——由天然珍贵树种的木方直接刨切制得的薄木。

② 人造薄木——由一般树种的旋切单板仿照珍贵树种的色调染色后再按纤维方向胶合成木方后制成的刨切薄木。

③ 集成薄木——由珍贵树种或一般树种（经染色）的小方材或单板按薄木的纹理图案先拼成集成木方后再刨切成的整张拼花薄木。

目前，人造薄木和集成薄木又统称为科技木，这是因为它是以普通木材为原料，采用计算机模拟技术设计，经过高科技手段制造出来的仿真甚至优于天然珍贵树种木材的全木质新型表面装饰材料。它既保持了天然木材的属性，又赋予了新的内涵。科技木既可仿真那些日渐稀少且价格昂贵的天然珍贵树种，又可以创造出各种更具艺术感的美丽花纹和图案。

（2）按薄木厚度分类

① 厚薄木——厚度为 0.5 ～ 0.8mm 的薄木。

② 薄型薄木——厚度为 0.3 ～ 0.5mm 的薄木。

③ 微薄木——厚度为 0.05 ～ 0.2mm 的薄木（背面贴纸的成卷薄木）。

也可把厚度小于 0.5mm 的薄木统称为微薄木。

（3）按薄木花纹分类

① 径切纹薄木——由木材早晚材构成的相互大致平行的条纹薄木。

② 弦切纹薄木——由木材早晚材构成的大致呈山形的花纹薄木。

③ 波状纹薄木——由波状或扭曲纹理产生的花纹薄木，又称琴背花纹、影纹，常为槭木（枫木）、桦木等树种。

④ 鸟眼纹薄木——由纤维局部扭曲而形成的似鸟眼状的花纹薄木，常为槭木（枫木）、桦木、水曲柳等树种。

⑤ 树瘤纹薄木——由树瘤等引起的局部纤维方向极不规则而形成的花纹薄木，常为核桃木、槭木（枫木）、法桐、栎木等树种。

2. 合成树脂浸渍纸

合成树脂浸渍纸贴面是将原纸浸渍热固性合成树脂，经干燥过程使溶剂挥发制成树脂浸渍纸（又称胶膜纸）覆盖于人造板基材表面进行热压胶贴。常用的合成树脂浸渍纸贴面不用涂胶，浸渍纸干燥后合成树脂未固化完全，贴面时加热熔融，贴于基材表面。由于树脂固化，在与基材黏结的同时，形成表面保护膜，表面不需要再用涂料涂饰即可制成饰面板。

（1）三聚氰胺树脂浸渍纸

三聚氰胺树脂浸渍纸是一种用于家具和建筑装饰的贴面材料，通常由三聚氰胺树脂、纸浆和其他添加剂制成。它具有以下特点和优点。

① 美观耐用：三聚氰胺树脂浸渍纸具有丰富的颜色和纹理，可以模拟各种木材的外观，使家具和建筑装饰具有美观的外表。它还具有较好的耐磨、耐刮擦和耐污染性能，使用寿命较长。

② 防火防潮：三聚氰胺树脂浸渍纸具有较好的防火性能，能够在一定程度上防止火灾的蔓延。同时，它还具有一定的防潮性能，可以在潮湿环境下使用。

③ 环保健康：三聚氰胺树脂浸渍纸在生产过程中使用的是环保材料，不含有害物质，符合国家环保标准。它还具有较好的抗菌、防霉变性能，能够保证家具和建筑装饰的健康环保。

④ 易于加工和安装：三聚氰胺树脂浸渍纸的厚度较薄，重量轻，易于加工和安装。它可以通过胶合、热压等方式固定在基材上，施工方便快捷。

总之，三聚氰胺树脂浸渍纸是一种美观、耐用、环保、健康的贴面材料，广泛应用于家具制造、建筑装修等领域。

（2）酚醛树脂浸渍纸

成本低、强度高、色泽深，适用于表面物理性能好而不要求美观的场合，一般专门用作底层纸和部件背面平衡纸。

（3）邻苯二甲酸二丙烯酯树脂

柔性好、可成卷、取用方便、装饰质量好、真实感强，可直接贴在部件平面和侧边，但成本较高。

（4）鸟粪胺树脂浸渍纸

化学稳定性好，存放期长，不开裂，可成卷。

3. 塑料薄膜

目前板式家具部件贴面常用的塑料薄膜主要有聚氯乙烯薄膜、聚乙烯薄膜、聚烯烃薄膜等。

（1）聚氯乙烯薄膜

聚氯乙烯（PVC）薄膜是由聚氯乙烯树脂与其他改性剂经过压延工艺或吹塑工艺制成的。一般厚度为 0.08 ~ 0.2mm，大于 0.25mm 的称 PVC 片材。PVC 树脂中加入增塑剂、稳定剂、润滑剂等功能性加工助剂，经压延可成膜。这种薄膜保温性、透光性好，柔软，易造型，适合作为温室、大棚及中小棚的外覆盖材料。缺点是：薄膜密度低，成本较高；耐候性差，低温下变硬脆化，高温下易软化松弛；助剂析出后，膜面吸尘，影响透光；残膜不可降解和燃烧处理。聚氯乙烯薄膜大致可分为两类，一类是增塑 PVC 薄膜，又称软质 PVC 薄膜，另一类是未增塑 PVC 薄膜，又称硬质 PVC 薄膜，其中硬质 PVC 薄膜大约占市场的 2/3，软质 PVC 薄膜大约占 1/3。软质 PVC 薄膜一般用于地板、天花板以及皮革的表层，但由于软质 PVC 薄膜中含有柔软剂（这也是软质 PVC 薄膜与硬质 PVC 薄膜的区别），容易变脆，不易保存，所以其使用范围受到了限制。硬质 PVC 薄膜不含柔软剂，因此柔韧性好，易成型，不易脆，无毒，无污染，保存时间长，因此具有很大的开发应用价值。PVC 薄膜的本质是一种真空吸塑膜，用于各类面板的表层包装，所以又被称为装饰膜、附胶膜，应用于建材、包装、医药等诸多行业。其中建材行业占的比重最大，为 60%，其次是包装行业，还有其他若干小范围应用的行业。

（2）聚乙烯薄膜

聚乙烯薄膜，即 PE 薄膜，是指用 PE 颗粒生产的薄膜。PE 薄膜具有耐高温、耐老化、耐腐蚀、耐磨、耐水、耐化学品和永不变色等特性，许多性能均优于 PVC 薄膜，适用于室内中、高档家具的饰面和封边处理。

4. 印刷装饰纸

印刷装饰纸是指印刷有木纹或其他图案的、没有浸渍树脂的纸，可以直接覆贴在基材上，然后用涂料涂饰表面。印刷装饰纸饰面可用手工进行覆贴包边，特别适合异型边部的板件。其特点是能实现自动化和连续化生产；表面不产生裂纹，具有木纹感、温和感和舒适感；成本低，装饰性能好；采用透明涂料（如聚氯氨酯或聚酯涂料）涂饰，能使饰面层具有一定光泽以及耐热、耐磨、耐化学品腐蚀等性能。

5. 其他装饰饰面

家具表面除用薄木、装饰板、合成树脂浸渍纸、塑料薄膜等材料饰面外，还可以用纺织品、金属薄板、竹材、皮革等进行贴面处理，以达到各种装饰效果。

（二）封边材料

板式部件的边部处理是板式家具生产过程中至关重要的一个环节，直接影响板式家具的外观和品质。增加家具的视觉美感，实现功能与艺术相结合，而且保护基材免受环境湿度、温度和外力的影响，提高家具的使用寿命。一般来讲，根据被加工工件的边部形状特点可以分为直线封边、曲线封边、异型封边等。其中最常用的为直线封边，常用的封边材料有薄木（厚 0.2 ~ 1mm）、微薄木（厚 0.05 ~ 0.2mm）、单板（厚 1 ~ 5mm）、实心板条、PVC、有色金属封边材料等。

1. PVC 封边条（图 1-11）

PVC 封边条要呈现良好的仿真效果，关键在于油墨质量的好坏。

2. ABS 树脂封边条（图 1-12）

ABS 树脂是目前先进的封边材质之一，用它制成的封边条不掺杂碳酸钙，修边后显得透亮光滑，不会出现发白的现象。

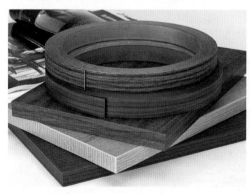

图 1-11　PVC 封边条　　　　　　　图 1-12　ABS 树脂封边条

3. 亚克力封边条（图 1-13）

亚克力封边条是用亚克力通过挤塑成型制成的，韧性好，产品削边与面色同色，具有抗氧化和防紫外线效果，而且抗高温、耐严寒，是一种开发较早的重要可塑性高分子材料。亚克力封边条具有较好的透明性、化学稳定性和耐候性，易染色，易加工，外观优美，在高端现代家具中有着广泛的应用。

4. 实木皮指接封边条（图1-14）

实木皮指接封边条主要用于贴木皮的家具上。此产品的背面胶贴无纺布以增加木皮强度，防止木皮破裂，长度为200m/卷，所以可在封边机上连续使用，提高工作效率，修边整齐。

图1-13 亚克力封边条

图1-14 实木皮指接封边条

拓展阅读

板式家具木材资源合理利用

板式家具木材资源的合理利用对于环境保护和可持续发展至关重要。倡导采用可持续林业管理方法，确保木材的供应来自合法和可持续的渠道。选择经过认证的木材，如FSC（森林管理委员会）认证的木材，可以保证其采伐和贸易符合可持续标准。

同时，鼓励高效利用木材资源，通过优化设计和生产工艺减少浪费。采用模块化和可拆卸的设计可以延长家具的使用寿命，并便于维修和回收。

此外，推动木材回收和再利用也是重要的举措。回收旧家具和木材废料，进行再加工和利用，不仅减少了对新资源的需求，而且有助于减少废弃物的产生。

教育和宣传也起着关键作用。通过提高公众对木材资源合理利用的认识，倡导消费者选择环保的板式家具，并推动行业的可持续发展。

总之，合理利用板式家具木材资源是人们共同的责任。通过可持续管理、高效利用和回收再利用，可以为环境保护和未来世代创造更可持续的家具产业。

任务三

板式家具五金配件的应用

—— **任务布置** ——

　　某公司产品技术研发部欲进行产品技术革新，现需要部门人员对板式家具五金配件进行调研分析并且归类，从产品样式、使用功能、产品特点、适用范围、规格尺寸等方面进行系统整理。

—— **学习目标** ——

1. 知识目标

① 了解五金配件的种类及名称。

② 掌握常用五金配件的使用方法及规格尺寸。

2. 能力目标

能够合理运用各种板式家具五金配件。

3. 素质目标

① 养成独立思考的习惯。

② 培养科学严谨、精益求精的工匠精神。

③ 培养从事定制家具设计工作的创新精神。

④ 养成独立分析、独立判断的学习习惯。

　　五金配件是板式家具中板件和板件连接必不可少的一部分。从 2000 年起，伴随定制家具行业的发展和顾客观念的转变，板式家具的五金配件从最初的满足单一功能发展为如今满足多功能、智能化、个性化的需求，而且配件的美观度也得到了较大的提升。

　　根据五金配件的用途，可以将其分为柜体连接件、门板配件和功能五金配件。

一、柜体连接件的种类与常规尺寸

（一）三合一偏心连接件

1. 三合一偏心连接件组成部件

　　三合一偏心连接件是现阶段应用最为广泛的一种柜体连接五金，它由偏心轮、连接杆、倒刺螺母三部分构成（图 1-15）。

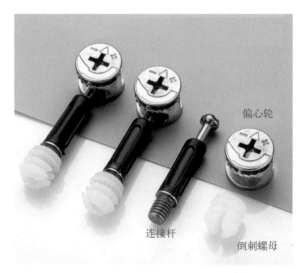

图 1-15　三合一偏心连接件

2. 三合一偏心连接件安装方法

　　将倒刺螺母预先打入板材留好的孔，拧入连接杆，在另一个垂直板件内放入偏心轮（口朝连接杆的预留孔），连接杆带着板件插入偏心轮中，按顺时针（＋号）方向拧紧偏心轮并锁死（图 1-16）。

3. 三合一偏心连接件尺寸

　　三合一偏心连接件由三部分组成，每一部分的构件都有多种规格尺寸。

（1）三合一偏心轮

　　常见三合一偏心轮分为 $\phi15$、$\phi12$、$\phi10$ 三种，规格尺寸如表 1-5 所示。

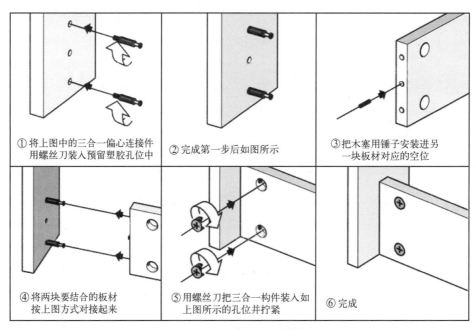

① 将上图中的三合一偏心连接件用螺丝刀装入预留塑胶孔位中

② 完成第一步后如图所示

③ 把木塞用锤子安装进另一块板材对应的空位

④ 将两块要结合的板材按上图方式对接起来

⑤ 用螺丝刀把三合一构件装入如上图所示的孔位并拧紧

⑥ 完成

图 1-16　三合一偏心连接件安装示意

表 1-5　常见三合一偏心轮规格尺寸　　　　　　　　　　　　　　单位：mm

图例	规格尺寸	
	直径	高度
	15	12
	12	12
	10	12

（2）三合一连接杆

三合一连接杆分为塑料杆和金属杆两种，如图 1-17 所示。

塑料杆

金属杆

图 1-17　三合一连接杆种类

在长度尺寸上有四种规格，分别为 40mm、35mm、32mm 和 25mm（图 1-18）。

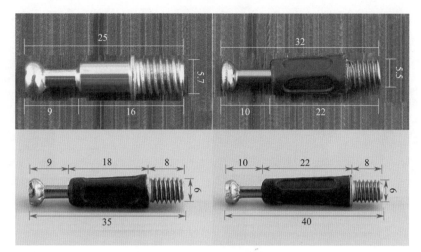

图 1-18　三合一连接杆规格尺寸

（3）三合一倒刺螺母

三合一倒刺螺母按材质主要分为尼龙和合金两种，规格尺寸以 φ10mm 的最为常见。如图 1-19 所示为常见倒刺螺母的材质与尺寸。

图 1-19　常见倒刺螺母材质与尺寸

4. 其他形式三合一连接件

随着板式家具行业的发展，五金配件的革新也是非常快速的，无论是美观性、安装的便捷性，还是板式家具的工艺性上，三合一偏心连接件都出现了很多升级款式。下面介绍几种不同款式的三合一连接件。

（1）自攻偏心连接件（图 1-20）

在三合一连接件的基础上，省略了倒刺螺母部件，将连接杆的螺纹细牙变成粗牙。此种连接件只需将粗螺纹牙拧入 5mm 直径的系统孔中即可。该连接件的规格尺寸与三合一偏心连接件的规格尺寸基本相同。

（2）双端杆偏心连接件（图 1-21）

主要应用于两块板的接长连接或中竖板连接。其所用的偏心轮与三合一连接件的偏心轮通用，双端杆的长度根据使用需求有多种尺寸。

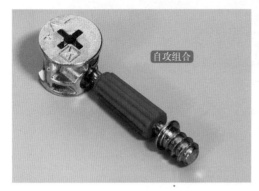

图 1-20 自攻偏心连接件

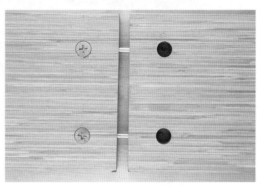

图 1-21 双端杆偏心连接件

（3）通孔胀塞连接件

主要应用于中竖板结构两侧相同高度的层板连接，用于替代倒刺螺母，可以称为双面螺母（图 1-22）。其规格尺寸有 17mm 和 15mm 两种，分别用于 18mm 厚板材和 16mm 厚板材的中竖板。在中竖板中的预埋孔位直径均为 10mm。

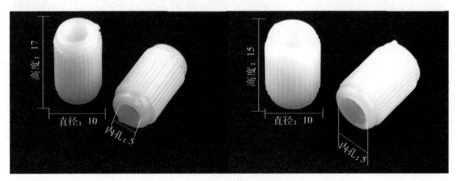

图 1-22 通孔胀塞连接件

（4）快装三合一连接件（图 1-23）

这是为满足安装过程中的便捷性而设计研发的一款三合一连接件，总体结构还是以三合一结构为基础，只是将倒刺螺母和连接杆设计在一起，省却了安装倒刺螺母的过程。

（二）隐形连接件

隐形连接件隐藏在板件内部，无外露部件，可以解决三合一偏心连接件的偏心轮外露而影响美观的问题。现阶段应用于板式家具中的隐形连接件主要有以下两种。

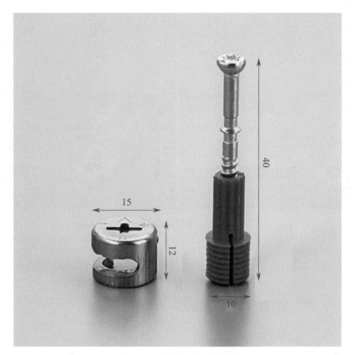

图 1-23　快装三合一连接件

1. 隐形二合一连接件（图 1-24）

隐形二合一连接件分为全通连接件和半通连接件两种，两种形式的连接件外形尺寸相同（图 1-25），所以连接件预埋孔的尺寸没有区别，开槽尺寸均为孔长 43mm、孔宽 11mm、孔深 11.5mm。但是在使用功能上稍有区别，即半通连接件为单向滑动，全通连接件为双向滑动。

图 1-24　隐形二合一连接件

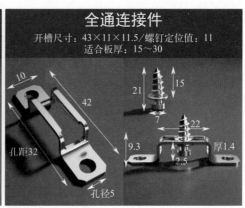

图 1-25　隐形二合一连接件规格尺寸（单位：mm）

2. 隐形快装二合一连接件（图 1-26）

隐形快装二合一连接件应用较为广泛，由于其孔位设计简单，安装方便，因此受到家具企业的青睐。

如图 1-27 所示，在被盖板的侧边加工一个直径为 8mm、深度为 24.8mm 的孔，同时在盖板上加工一个直径 5mm、深度 9mm 的孔。只需要将隐形二合一的螺纹拧入 5mm 的孔中，再将塑料端头插入 8mm 的侧孔中即可。

但是，这种连接件最大的缺点是组装后的两个板件不容易拆卸。

图 1-26　隐形快装二合一连接件

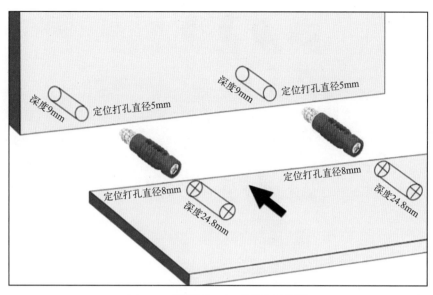

图 1-27 隐形快装二合一连接件安装示意

3.拉米诺隐形连接件（图 1-28）

拉米诺隐形连接件从功能上的分类主要有两种，即可拆装和非拆装。该配件的规格尺寸有多种，需要根据不同规格进行加工。

图 1-28 拉米诺隐形连接件

（三）层板连接件

层板连接件是一类应用于层板与侧板连接的五金配件，主要分为活动层板托、活扣件、隐形连接件。

1.活动层板托

活动层板托是可以对隔板进行高度方向调节的五金配件。其样式繁多，可用于木制层板的安装，也可用于玻璃层板的安装（图 1-29）。

其安装方式主要有两种，一种是放置在直径 5mm 的系统孔中，另一种是用自攻螺钉固定在侧板中。

图 1-29　活动层板托

　　因为活动层板托的样式不同，所以每一种活动层板托的规格尺寸也不相同，现介绍一些常用的层板托尺寸，如图 1-30 所示

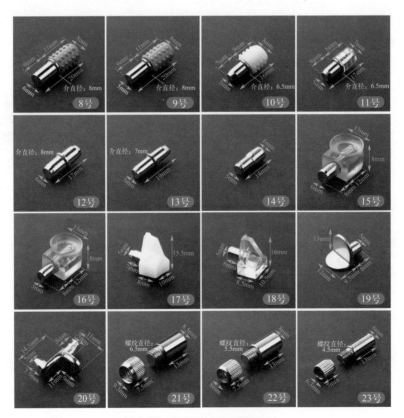

图 1-30　常见活动层板托规格尺寸

2. 活扣件（图 1-31）

活扣件也是用于层板与侧板连接较为常见的一种五金配件，通常用于固定层板的连接。在应用过程中，活扣件的规格样式较多。随着对于外观质量要求的不断提高，活扣件的样式也在不断革新。

图 1-31 活扣件

活扣件的主体分为两个部分，即层板托和自攻螺钉。层板托需要在层板上加工预埋孔位，通常直径为 18 ~ 20mm，嵌入层板边缘。自攻螺钉拧入侧板的系统孔中。

3. 慕斯款隐形二合一连接件

慕斯款隐形二合一连接件是一款新型的层板连接件。其安装方式与层板托类似，但是改变了锁紧方式。同时将层板部位的配件进行隐藏，所以也称为隐形连接件（图 1-32）。

该配件的孔位加工十分便捷。如图 1-33 所示，在层板侧边加工直径为 12mm、深度为38mm 的孔用于放置扣件，将自攻螺钉拧入直径为 5mm 的系统孔中即可。

图 1-32 慕斯款隐形二合一连接件

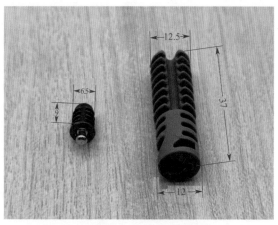

图 1-33 慕斯款隐形二合一连接件规格尺寸

（四）脚座或脚轮

1. 地脚钉（图1-34）

安装在家具底板，减少家具和地面的磨损，防止家具滑动跑位，多采用尼龙、橡胶材质。无须预埋孔位加工，只需要将其钉于家具底面即可。

图1-34 地脚钉

2. 不锈钢/铝合金可调地脚（图1-35）

不锈钢/铝合金可调地脚通常用于柜类家具的底部，用于支撑家具。防止家具直接落于地面，尤其是地面条件比较恶劣的环境，例如卫生间、厨房等空间。因其在家具底部，有明显外露，考虑其美观性，可以对地脚做拉丝、烤漆、静电喷涂等工艺处理。

规格尺寸可以自由裁切，得到想要的长度尺寸，所以可以有较多的选择。

图1-35 不锈钢/铝合金可调地脚

3.螺纹可调地脚（图1-36）

螺纹可调地脚类似于地脚钉，但是采用螺纹方式可对家具进行高度微调，保障家具的水平。其安装方法为在落地的板件侧板加工孔位，预埋螺母，然后将可调地脚的螺纹拧入螺母中来实现高度调节。根据不同种类的家具，可选择的样式、规格各不相同。

图1-36 螺纹可调地脚

有些较为沉重的家具，采用上述可调地脚，在调节的过程中不是十分方便，所以出现一种调节更为方便的可调地脚。其材质为冷轧钢，表面采用电镀工艺，规格尺寸如图1-37所示。可调节高度范围为2～25mm。

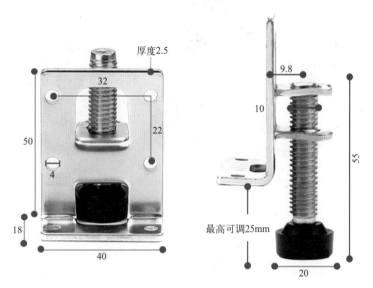

图1-37 托侧可调地脚

4. 万向轮（图 1-38）

万向轮主要应用于办公家具推柜、电脑机箱托等这类需要经常移动的家具中。安装时只需用自攻螺钉固定于家具底板上即可，无须预埋孔位。其材质以尼龙材料较为常见，规格上分为 1in（1in=2.54cm，下同）、1.25in、1.5in 和 2in；按功能分为有刹车和无刹车两种，可以根据使用需求随意搭配。

图 1-38　万向轮

二、家具门板配件的种类与常规尺寸

（一）铰链

铰链是用于门板开启和闭合的一种五金配件，根据门板不同的开启方式，铰链的功能也不相同。下面介绍几款常用的铰链。

1. 全盖 / 半盖 / 内嵌铰链（图 1-39）

如图 1-39 所示，三种铰链适用于 14 ～ 22mm 的门板厚度，门板开启角度为 105°。

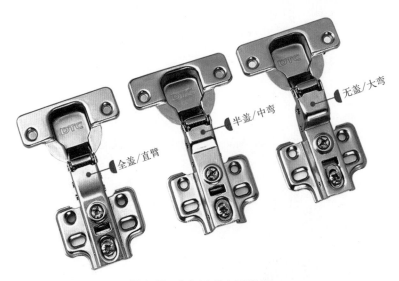

图 1-39　**全盖 / 半盖 / 内嵌铰链**

全盖铰链又称直臂铰链，在铰杯和铰座的连接位置呈现平直或下凹的样子，安装直臂铰链的门板，能够将侧板全盖；半盖铰链又称小曲铰链或中弯铰链，在铰杯与铰座的连接位置呈现较小上凸的样子，安装半盖铰链的门板能盖住侧板的一半；内嵌铰链又称大曲铰链、大弯铰链或无盖铰链，在铰杯与铰座的连接位置呈现较大上凸的样子，安装内嵌铰链的门板嵌于侧板内（图 1-40）。

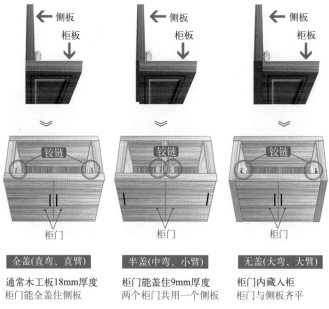

图 1-40 **全盖 / 半盖 / 内嵌铰链安装示意**

2. 165° /175° 铰链

165°/175° 铰链适用于 14 ～ 22mm 的门板厚度，门板最大开启角度 165°/175°（图 1-41）。

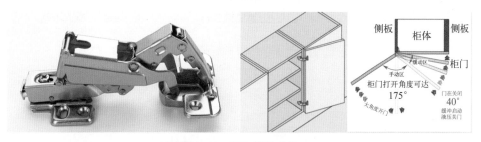

图 1-41 165°/175° 铰链

165°/175° 铰链多用于转角柜，也常见于为了取物更加方便，需要所开角度更大的柜门上，如图 1-42 所示。

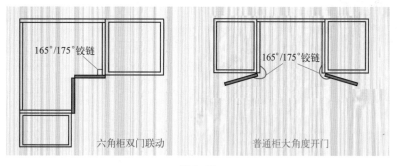

图 1-42

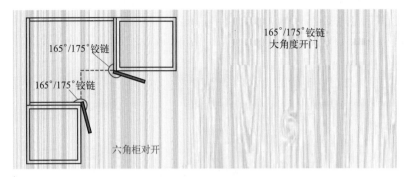

图 1-42　165° /175°铰链的应用

在需要大角度开启时，此类铰链根据开启方法也分为全盖、半盖和内嵌三种，如图 1-43 所示，在铰链样式细节上稍有不同，可以根据实际需求选择相应的铰链形式。

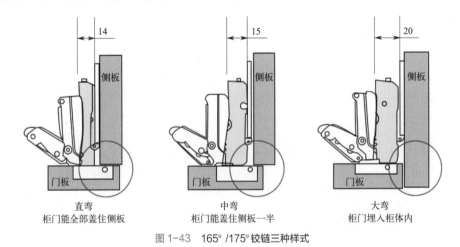

图 1-43　165° /175°铰链三种样式

3. 135°铰链

135°铰链适用于 14 ～ 22mm 的门板厚度，侧板与门板夹角 90°～ 135°即可安装（图 1-44）。

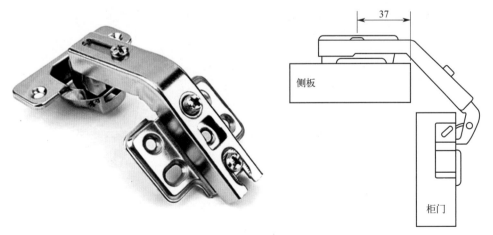

图 1-44　135°铰链

135°铰链与165°铰链配合使用，应用于六角柜联动的两个门板，如图1-45所示，1位置安装165°铰链，2位置安装135°铰链。

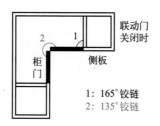

图 1-45 135°铰链的应用

4.90°铰链

90°铰链应用于转角柜的另外一种形式——一字转角柜中，适用于门板与门框平行安装，关闭柜门和门框平齐（180°），门板打开角度为90°（图1-46）。

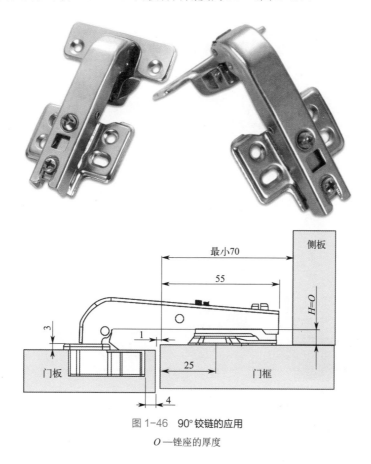

图 1-46 90°铰链的应用

O—锉座的厚度

5. +45°/+30°/+25°铰链

+45°/+30°/+25°铰链应用于斜角柜的门板，如图1-47所示。+45°铰链应用于侧板与门板夹角≥135°的情况；30°铰链应用于侧板与门板夹角为120°～135°的情况；+25°铰链应用于侧板与门板夹角为115°～120°的情况。

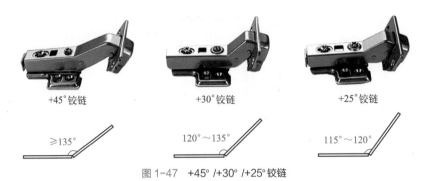

图1-47　+45°/+30°/+25°铰链

　　其中+45°铰链最常用，用于五角柜的门板，而+30°铰链和+25°铰链应用较少，如图1-48所示。

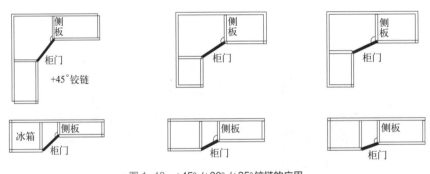

图1-48　+45°/+30°/+25°铰链的应用

6. -45°/-30°铰链

　　-45°/-30°铰链应用于三角柜的门板，如图1-49所示。-45°铰链应用于60°＞侧板与门板夹角≥45°的情况；-30°铰链应用于80°＞侧板与门板夹角≥60°的情况（图1-50）。

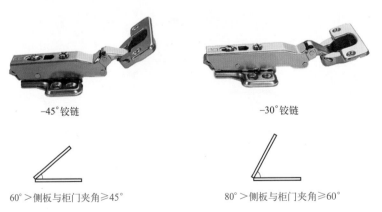

图1-49　-45°/-30°铰链

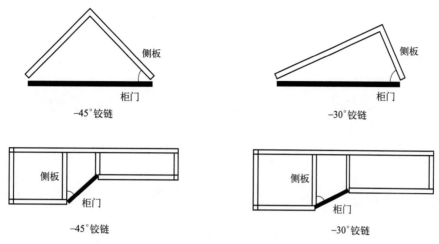

图 1-50　−45°/−30°铰链应用

7.厚侧板铰链

厚侧板铰链应用于全盖侧板，且侧板厚度为 21 ～ 25mm 的情况，适合门板厚度为 16 ～ 25mm，如图 1-51 所示。

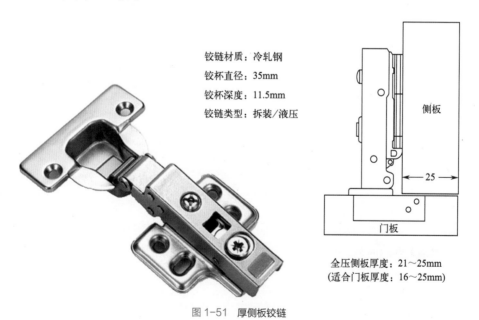

铰链材质：冷轧钢
铰杯直径：35mm
铰杯深度：11.5mm
铰链类型：拆装/液压

全压侧板厚度：21～25mm
(适合门板厚度：16～25mm)

图 1-51　厚侧板铰链

（二）上 / 下翻门配件

翻门是指绕着水平轴线转动实现开合的门，又称摇门。闭合时门页处于垂直状态，开启时则通过转动使垂直的门页转到水平位置或者其他位置，翻门打开时可以充分展示柜内空间。

翻门的转动结构与开门相似，门板多固定在顶板或底板上，沿水平轴线向下或向上翻转开启，其与柜体的连接可用普通铰链，也可用专用的翻门铰链。翻门按其安装位置和开闭方向的不同可分为上翻门和下翻门，上翻门从下向上翻转开启；下翻门从上端向下转动开启，一般可开到水平位置。

翻门在板式家具中使用较多，常用于吊柜、中高柜或地柜。翻门配件的应用也十分广泛，下面介绍几种翻门配件。

1. 气压支撑

如图 1-52 所示，气压支撑需要配合铰链实现门板与柜体的连接和开启，它适用于木质门和部分铝框玻璃门。

图 1-52　气压支撑

该配件适用于梳妆台翻转盖板、橱柜上翻门、橱柜下翻门和榻榻米盖板等。可通过改变安装位置调节翻门的最大开启角度。气压支撑安装示意如图 1-53 所示。

2. 随意停支撑

随意停支撑可直接向上翻起单块面板，它特别适用于面板高度较小的吊柜、高柜和冰箱上方的柜体，同时也适用于宽柜体设计和有顶线或饰板的吊柜。该上翻门配件可轻柔地上翻到柜体顶部，无级悬停的特点使面板可悬停在任意一个位置，存储空间一览无余，借助其阻尼系统还可实现轻柔关闭，如图 1-54 所示。

随意停支撑可以通过安装位置的调节，调整上翻门开启角度，可调到 75°、90°、110° 的位置，如图 1-55 所示。

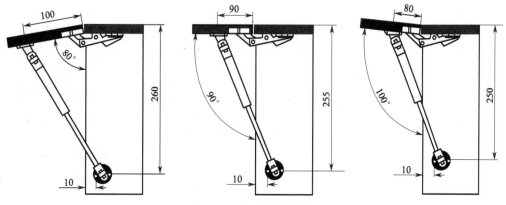

图 1-53 气压支撑安装示意

图 1-54 随意停支撑

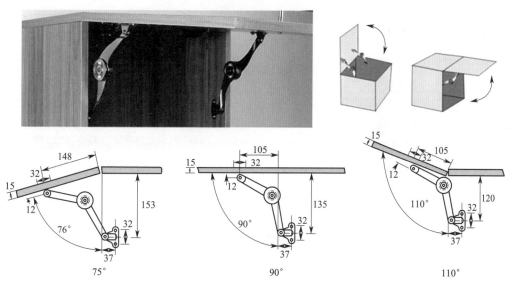

图 1-55 随意停安装示意

（三）拉手

拉手是板式家具中十分重要的一类五金配件，拉手除了使用功能外，还有很强的装饰性作用，如图1-56所示。

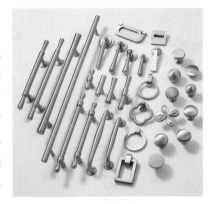

拉手有很多种分类方式。如果按照风格分类，可分为现代风格、古典风格、欧式风格、中式风格等各种样式；如果按照材质分类，可分为合金拉手、不锈钢拉手、铜拉手、陶瓷拉手等；如果按照安装方式分类，可分为明拉手、抠手和整体式拉手。

图1-56 家具拉手

1. 明拉手

顾名思义，是可以看得见的拉手，即在柜门外的拉手，既有功能性又有装饰性。一般情况下，明拉手分为单孔拉手和双孔拉手。单孔拉手是只有一个拉手螺栓孔的拉手，如图1-57所示；主要应用于尺寸较小的门板或抽屉面上，在视觉效果上能给人一种集中、宁静的感觉。

双孔拉手是有两个拉手螺栓孔的拉手，如图1-58所示。双孔拉手两个螺栓孔之间的距离为32mm的倍数，通常为64mm、96mm、128mm、160mm等尺寸，多用于柜门或较大的抽屉面板。在衣柜的门板中还经常应用更长的拉手。

图1-57 单孔拉手

图1-58 双孔拉手

2. 抠手

抠手是较为常见的一类拉手，采用嵌入门板的方式安装，如图1-59所示。拉手平面几乎与门板平面平齐或略高于门板平面，不像明拉手那样凸出门板。抠手特别适用于移门柜或者抽屉面。

使用抠手的门板需要根据抠手的外形尺寸，对门板进行布袋铣口，然后用胶将拉手粘于门板上。

3.整体式拉手

整体式拉手是现阶段市场上较为流行的一种拉手形式。这类拉手相比小拉手更长，在衣柜门板上应用时基本处于衣柜门的一半长度，能让空间变得更灵活。相比小拉手更为显眼大气，使用起来也方便，牢固程度也更高。在轻奢、极简风格盛行的现在，将装修效果变得更加轻奢和简单，因此整体式拉手受到青年人的青睐（图1-60）。

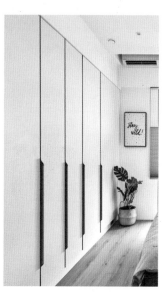

图1-59 抠手　　　　　　　　　　　图1-60 整体式拉手

整体式拉手可以采用立装形式，也可采用平装形式应用于橱柜门等一些小门上，如图1-61所示。

图1-61 横装整体式拉手的应用

（四）柜门锁

柜门锁是板式家具的常用五金配件之一。一般情况下，居家空间的家具安装锁具的情况较少，常用于公共空间、展示空间、办公空间的家具中。下面介绍几款常用的锁具。

1. 抽屉 / 单门锁

抽屉 / 单门锁是十分常见的一种家具锁具，通常用于单个抽屉或单开门。抽屉锁由四部分组成，分别为钥匙、锁芯、锁环和锁挡片（图 1-62）。

抽屉锁的锁芯孔径尺寸有两种，分别为 19mm 孔径和 16mm 孔径，在应用过程中随意选择。锁芯长度也有两种尺寸，即 22mm 和 32mm，分别应用在 15 ～ 22mm 厚和 25 ～ 32mm 厚的门板中。锁舌的长度通常为 8 ～ 9mm。

抽屉锁的安装十分简单，在抽屉面上钻一个直径为 16mm 或者 19mm 的通孔，然后用自攻螺钉将锁芯固定在抽屉面板的内部，锁舌朝向锁挡片即可，如图 1-63 所示。

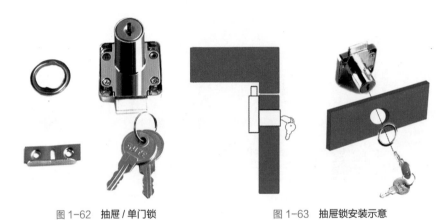

图 1-62　抽屉 / 单门锁　　　　　　　图 1-63　抽屉锁安装示意

2. 抽屉三联锁

抽屉三联锁是将在同一个垂直方向的三个抽屉同时锁上或打开的一种五金件，通常用于办公家具的推柜中。常见的三联锁主要分为正面三联锁（即锁孔在抽屉面）和侧面三联锁（锁孔在柜子侧板）（图 1-64）。

正面三联锁的锁芯有 19mm 孔径和 16mm 孔径两种，锁杆长度有 500mm、800mm 和 1000mm 三种尺寸，其中 500mm 最为常用。侧面三联锁的锁芯孔径为 16mm，锁杆长度为 500mm。

三联锁的安装是锁具安装中较为复杂的，其部件较多，因此需要进行组装调试。

（1）正面三联锁的安装

首先将锁杆固定在抽屉柜子的内壁中（内壁需要开槽），然后将锁鼻固定在锁杆上，再将锁芯安装在第一个抽屉面上，将锁扣安装在每一个抽屉侧板的固定位置上，如图 1-65 所示。然后进行反复调试，能够锁住三个抽屉即可。

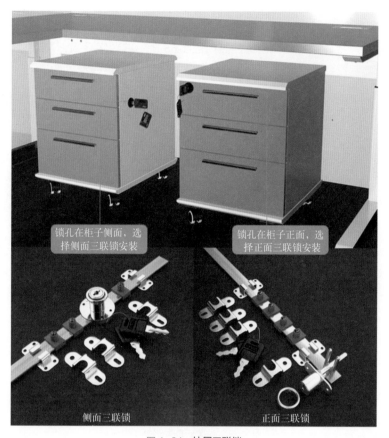

锁孔在柜子侧面，选择侧面三联锁安装

锁孔在柜子正面，选择正面三联锁安装

侧面三联锁

正面三联锁

图 1-64　抽屉三联锁

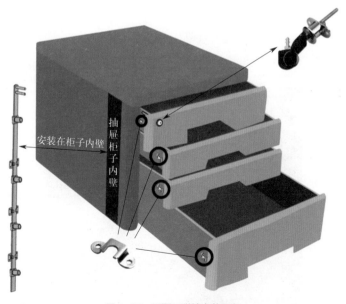

安装在柜子内壁

抽屉柜子内壁

图 1-65　正面三联锁安装示意

（2）侧面三联锁的安装

首先将锁芯、锁杆固定片、锁鼻按照如图 1-66 所示的顺序穿到一起，然后将锁杆固定在已经开好槽的侧板中，再将锁扣安装在抽屉侧板上，最后进行抽屉调试。

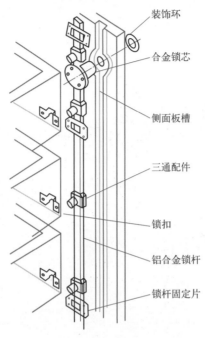

装饰环
合金锁芯
侧面板槽
三通配件
锁扣
铝合金锁杆
锁杆固定片

图 1-66　侧面三联锁安装示意

3. 对开掩门锁

对开掩门锁是用于对开掩门形式的锁具，如图 1-67 所示。其主体由 5 部分组成，分别为锁芯、锁圈、钥匙、L 形挡片和 Z 形挡片。

图 1-67　对开掩门锁

对开掩门锁分为左开和右开两类。将锁芯安装在其中一个门板上，通过旋转锁芯转轴，选择长短划片的方向，然后在顶板上安装 L 形挡片，在另一个门板上安装 Z 形挡片，以达到锁住门板的目的，如图 1-68 所示。

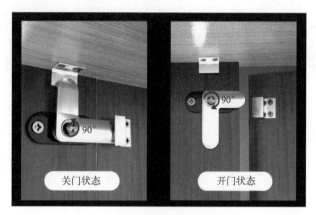

图 1-68　对开掩门锁开关状态

对开掩门锁的锁芯有 16mm 和 19mm 两种孔径，长臂 50mm，短臂 35mm。16mm 口径的对开掩门锁适用于 15 ~ 20mm 厚的门板。19mm 口径的对开掩门锁适用于 18 ~ 22mm 厚的门板。

4. 移门柜门锁

移门柜门锁是用于橱柜、储物柜、餐边柜等柜子的平移门的锁具。该锁具原理简单，旋拧锁芯，调节锁芯内部的伸缩杆，挡住另一个门的移动，即可锁住门板，如图 1-69 所示。

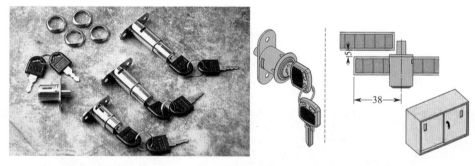

图 1-69　移门柜门锁

锁芯的规格通常为直径 19mm。锁芯长度有三种规格，即 22mm、32mm、40mm，分别用于不同厚度的门板。移门柜门锁的使用要求：两扇移门之间保留大于 3mm 的缝隙。

5. 玻璃门锁

玻璃门锁是用于无框玻璃门的一类锁具，主要分为单开门、对开门和移门三种锁具，如图 1-70 所示。

图 1-70 玻璃门锁

6.智能感应锁

随着科技的进步，智能感应锁技术日趋成熟，在家具中的应用越来越广泛。感应模式有磁卡感应、指纹、手机 App 等几种（图1-71）。

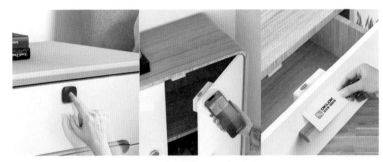

图 1-71 智能感应锁

（五）门板反弹器

门板反弹器（图 1-72）在现在的板式家具中使用频率越来越高，因为极简风格的流行，摒弃了杂乱的装饰，连拉手的装饰也去除了，门板反弹器正好解决了门板如何开启这个问题。反弹器的种类虽然多样化，但是原理相同，都是通过一个弹簧伸缩杆完成触碰式伸缩。

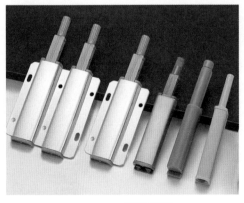

图 1-72 门板反弹器

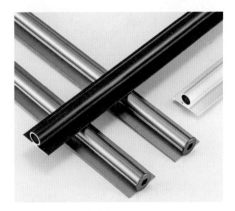

图 1-73 门板拉直器

图1-74　门板拉直器安装效果

（六）门板拉直器

门板拉直器（图1-73）是用于衣柜、书柜等高门板的一种五金配件，其作用是防止门板翘曲、弯曲变形影响家具整体的美观性。

门板拉直器安装在门板内侧，不影响外观的整体效果。只需在门内侧开槽，并将拉直器嵌入其中即可，如图1-74所示。

三、抽屉配件的种类与常规尺寸

抽屉是家具中一种十分常见的开启方式，无论是使用功能上的需求，还是造型设计上的需求，几乎在每一类家具中都有抽屉的存在，所以抽屉配件就成为一种十分重要的家具配件。抽屉配件的质量往往决定着家具的价格。下面介绍几款常见的抽屉配件。

（一）滚轮二节轨

滚轮二节轨（图1-75）是最早使用的一类滑轨。

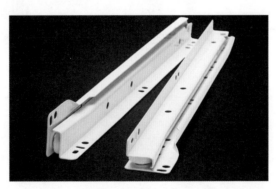

图1-75　滚轮二节轨

滚轮二节轨分为左右两个方向，每一个方向都由两部分组成，其中较宽的部件安装在柜体侧板上，较窄的部件安装在抽屉上。

滚轮二节轨的规格尺寸，详见表1-6。

表1-6　滚轮二节轨规格尺寸

轨道规格 /in[1]	10	12	14	16	18	20	22
轨道基本长度 /mm	250	300	350	400	450	500	550
抽屉长度 /mm	250	300	350	400	450	500	550
柜体最少深度 /mm	254	304	354	404	454	504	554

---

❶　1in=25.4mm。

（二）滚珠三节轨

滚珠三节轨（图 1-76）是现阶段使用频率最高、应用数量最多的抽屉滑轨，无论办公家具还是民用家具的抽屉都离不开滚珠三节轨。为了满足个性化的需求，在滚珠三节轨上进行改装，增加阻尼和反弹功能，以实现触碰开启和自动回弹的功能。

滚珠三节轨不分左右方向，两个一副，分别用于抽屉的左右两侧。安装时将内固定轨安装于抽屉的侧板上，外固定轨安装在柜子的侧板上，如图 1-77 所示。

图 1-76　滚珠三节轨

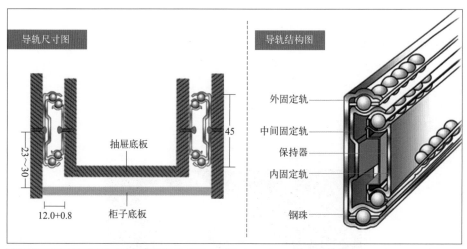

图 1-77　滚珠三节轨安装示意
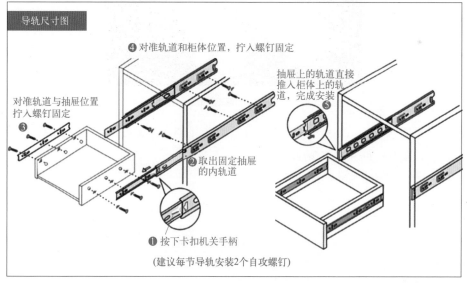

（三）托底滑轨

托底滑轨（图1-78）又称为隐形滑轨，隐藏在抽屉底部。托底指的是安装位置，滑轨隐藏在抽屉底部，从正面、侧面都看不到，视觉上更美观。利用齿轮结构达到顺滑抽拉，承重力好，抽拉顺滑，无噪声，可达到自行缓慢关闭的效果。

图1-78　托底滑轨

托底滑轨有两类，即三节全拉出和两节半拉出（图1-79），根据使用需求可任意选择。

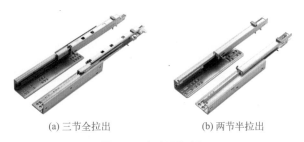

(a) 三节全拉出　　　　　　　(b) 两节半拉出

图1-79　托底滑轨种类

安装托底滑轨时需要将抽屉底板上移12mm，抽屉侧板和柜体侧板之间预留5～7mm空隙，如图1-80所示。

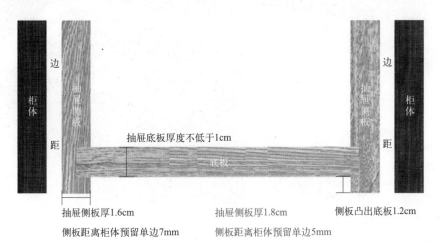

图1-80　托底滑轨安装示意

托底滑轨的规格尺寸根据抽屉净空深度而定，具体规格尺寸见表 1-7。

表 1-7　托底滑轨规格尺寸

轨道规格 /in	8	10	12	14	16	18	20	22
托底滑轨闭合长度 /mm	202	260	310	360	410	460	510	560
三节全拉出托底滑轨拉出长度 /mm	173	235	300	350	400	450	500	550
两节半拉出托底滑轨拉出长度 /mm	125	170	200	240	270	300	330	360

四、其他功能性五金配件

（一）衣柜系列五金配件

1. 衣通

衣通俗称挂衣杆，用于悬挂衣物，是衣柜中必不可少的一类五金配件。衣通由衣杆和堵头两部分组成，相互配合使用。市面上的衣通样式较多，但是功能和安装方法几乎相同，都是将堵头固定在衣柜的侧板上，然后将衣杆放置在堵头中，如图 1-81 所示。衣杆的长度尺寸取决于衣柜中净空宽度。因为定制家具的尺寸是个性化的，所以衣杆的尺寸也需要定制。

2. 裤抽

裤抽在衣柜中用来收纳裤子，如图 1-82 所示，将裤子折叠挂在裤抽上。裤抽采用抽拉的方式，与抽屉类似，滑轨安装在柜体的侧板上。因为定制家具中柜子的净空宽度尺寸不同，所以裤抽通常采用可伸缩方式调节尺寸。

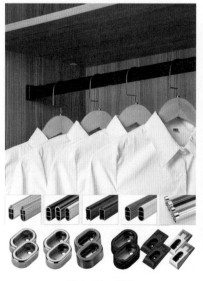

图 1-81　衣通

图 1-82　伸缩裤抽

3. 多宝格

衣柜中的多宝格通常用于存放日常生活中的小件物品，多宝格能够更好地对物品进行分类。对于不同类型的物品（如领带、珠宝首饰、胸针、腕表等），可以设置不同类型的空间存放方式，如图 1-83 所示。

图 1-83　衣柜多宝格

4. 抽拉衣裤架

抽拉衣裤架主要应用于净空深度较小的衣柜空间，尤其在玄关柜中应用最为广泛，提高衣物的收纳效率，裤子、衣服、丝袜、围巾、领带等都可以收纳，如图 1-84 所示。

5. 升降衣通

伴随着轻奢和极简风格的流行，现代衣柜设计的主流是高门板，衣柜高度也从原来的 2400mm 做到 2700mm，衣柜上部储物空间不能得以充分利用。升降衣通恰好解决了此问题，可以将高出的空间用于悬挂衣服，通过衣通的升降功能，满足使用需求，如图 1-85 所示。

升降衣通可以随着柜体的净空宽度来调节尺寸，满足个性化定制的需求。如图 1-86 所示，只需调节伸缩杆即可。

图 1-84 抽拉衣裤架

图 1-85 升降衣通

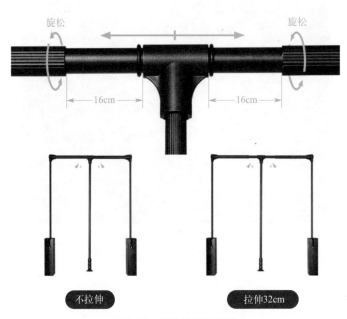

图 1-86 升降衣通尺寸调节

6. 衣柜收纳拉篮

衣柜收纳拉篮（图 1-87）是衣柜中进行叠放衣物的收纳五金配件，其材质有合金拉篮、不锈钢拉篮和塑料藤编拉篮等。可以进行分类储物，满足消费者的个性化需求。其通常采用抽拉方式，方便使用者取物。

因衣柜收纳拉篮的尺寸无法进行随意调节，所以拉篮必须应用于指定净空宽度的柜体中。

7. 旋转衣架

旋转衣架（图 1-88）是应用于转角衣柜的一种五金配件，可以提高转角衣柜的空间利用率，同时方便衣物的拿取和存储。

图 1-87 衣柜收纳拉篮   图 1-88 旋转衣架

旋转衣架可以根据使用需求，满足挂衣、挂裤、叠放、摆放等多方面使用需求，同时可根据尺寸和使用需求进行个性化定制。

（二）橱柜系列五金配件

1. 橱柜吊码

橱柜吊码（图 1-89）是用于将橱柜吊柜吊挂在墙面上的一种五金配件，分为明吊码和隐藏吊码两类。

(a) 明吊码   (b) 隐藏吊码

图 1-89 橱柜吊码

吊码的主体结构分为两个部分，分别是安装在墙体上的吊挂片和安装在柜体上的吊码，用吊码的吊钩钩住吊挂片即可。明吊码的承重能力约为 60kg，隐藏吊码的承重能力约为 150kg。

2. 橱柜踢脚线与地脚

在整体厨房的下端，地柜不可直接落在地面上，需要用地脚支撑橱柜（图 1-90），但是地脚裸露在外影响整体性和美观性，所以在地脚前端安装一个踢脚线。

图 1-90 橱柜踢脚线与地脚

橱柜的外露面不仅仅需要正面的踢脚线，还需要在侧面安装一个踢脚线，两个踢脚线呈 90°夹角，或者呈不同角度的阴阳角，此时需要利用一个橱柜转角连接（图 1-91）。

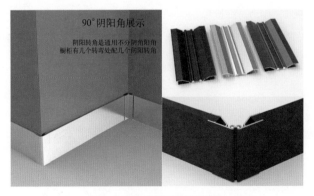

图 1-91 橱柜踢脚线转角配件

3. 橱柜抽屉

橱柜抽屉是橱柜中十分重要的一类功能性五金配件，除了三节轨、托底轨以外，厨房中还经常应用骑马抽（图 1-92）。骑马抽内可设置调料格、刀叉盘等各种功能性配件，满足消费者的个性化需求。

图 1-92　橱柜骑马抽

4. 拉篮

橱柜中的拉篮是厨房中特有的功能性五金配件，根据不同形式的橱柜，有不同类型的拉篮。下面介绍几种常见的拉篮样式。

（1）多功能调味拉篮

多功能调味拉篮常放置在橱柜地柜，用于收纳餐厨用具及调料用品，是厨房空间中十分常见的一类拉篮，如图 1-93 所示。

多功能调味拉篮通常采用下滑轨式，即滑轨安装在橱柜地柜的底板上，规格较多，需要根据不同规格放置在相应尺寸的柜体中，也可以"小篮放大柜"。

（2）碗盘拉篮

碗盘拉篮又称为炉台拉篮，通常用于收纳碗盘，放置在炉具的下方，如图 1-94 所示。此拉篮通常采用上下两层，上层放置碗盘，下层放置锅具。

图 1-93　多功能调味拉篮　　　　　图 1-94　碗盘拉篮

碗盘拉篮的滑轨是连接在柜体侧板上的，所以需要根据橱柜的净空宽度尺寸进行拉篮尺寸选择，但是为满足标准化制造的需求，因此碗盘拉篮的宽度规格是固定的，分别为用于 500mm 宽度柜体、550mm 宽度柜体、600mm 宽度柜体、650mm 宽度柜体、700mm 宽度柜体、750mm 宽度柜体、800mm 宽度柜体、850mm 宽度柜体、900mm 宽度柜体。

（3）吊柜升降拉篮

吊柜升降拉篮是唯一一种应用于吊柜中的拉篮，可从吊柜中向下拉出，方便使用者拿取吊柜中的物品，如图 1-95 所示。

吊柜升降篮与碗盘拉篮相同，需要将连接部位安装在吊柜侧板中，所以需要根据吊柜的净空宽度决定使用拉篮的规格，常用于 400mm 宽度柜体、500mm 宽度柜体、600mm 宽度柜体、700mm 宽度柜体、750mm 宽度柜体、800mm 宽度柜体、850mm 宽度柜体、900mm 宽度柜体。

（4）转角拉篮

转角拉篮应用于橱柜的一字转角柜中，使转角柜得以最大限度地应用，可放置于 L 形或 U 形橱柜中的转角位置，如图 1-96 所示。

图 1-95　吊柜升降拉篮

图 1-96　转角拉篮

转角拉篮又称小怪物拉篮，是一种常用的转角拉篮样式，常应用于 900mm 或 1000mm 的转角柜中。除此之外还有其他样式的转角拉篮，如图 1-97 所示。

（5）高深拉篮

高深拉篮（图 1-98）采用抽拉形式，滑轨安装在柜体的一面侧板上。通常放置在 200 ～ 400mm 的柜体中。与多功能调味拉篮相同，可以大柜放小篮。

（6）大怪物拉篮

大怪物拉篮也是用于橱柜高柜中的一类拉篮，门板采用掩门形式，通常用于食品的存储，如图 1-99 所示。大怪物拉篮的储物功能十分强大，适用于较大的厨房空间。

图 1-97　其他样式的转角拉篮

图 1-98　高深拉篮

图 1-99　大怪物拉篮

5.上翻门配件

上翻门配件是橱柜吊柜中的一类非常常用的配件。在前面介绍的上翻门配件均为通用型的，但是有一些橱柜专用的上翻门配件，用以满足不同形式的上翻门，如图 1-100 所示。

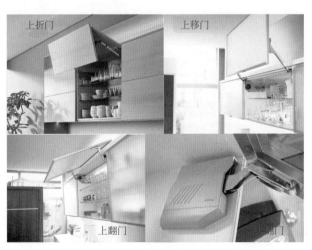

图 1-100　上翻门配件

（三）榻榻米系列五金配件

1. 榻榻米拉手

榻榻米拉手用于榻榻米盖板，采用翻转式设计，方便盖板的开合，如图 1-101 所示。

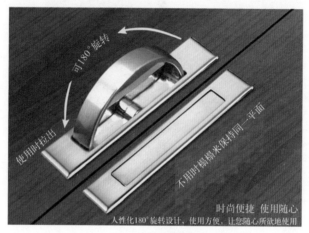

图 1-101 榻榻米拉手

榻榻米拉手的规格尺寸有统一标准，长度 100mm，宽度 20mm，孔距 85mm，需要在榻榻米面板上开一个长 72mm、宽 16mm 的洞口，如图 1-102 所示。

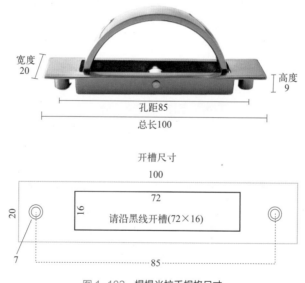

图 1-102 榻榻米拉手规格尺寸

2. 榻榻米支撑

榻榻米支撑起到支撑榻榻米盖板的作用，防止盖板掉落伤害到使用者，如图 1-103 所示。

图 1-103 榻榻米支撑

榻榻米支撑的规格尺寸如图 1-104 所示，总长度 280mm。

图 1-104 榻榻米支撑的规格尺寸

楷模五金的创新精神

拓展阅读

　　楷模家居❶研发的智能五金构件是家具智能五金研发的典型案例。楷模家居认为，智能五金可以成为家具的"发动机"，不仅装饰家具，更能操作家具"变形"，用多功能解决用户的细节需求。

　　楷模家居的智能五金构件在材料上选用顶级的塑胶件，避免了磨损老化导致的拉伸不畅问题。在承压力方面，使用智能家居五金的抽屉承压力是同类产品的 5 倍。这些五金不是陈列品，它们已经在家具上得到了实际应用，并创造了楷模"变形家具"的美名。

　　这种创新精神是企业的生命力，只有不断地积极探索和尝试新的设计理念，才能具备创新思维和创造能力，这也是值得学习的不断自我革新的能力之一。

---

❶ 全称为"东莞市楷模家居用品制造有限公司"。

项目二

板式家具工艺结构与智能化拆单

板式家具工艺结构

任务布置

    某校大学毕业生创业，建立了板式家具生产企业，欲对产品工艺结构进行系统化定位，现需要部门人员对板式家具工艺结构进行调研分析并且归类。从柜体部件及门板工艺结构进行多方面系统整理。

学习目标

1. 知识目标

① 了解板式家具柜体及门板的工艺结构形式。

② 掌握柜体各部件及门板各类不同的工艺结构。

2. 能力目标

能够合理设计板式家具柜体部件及门板的工艺结构。

3. 素质目标

① 养成独立分析问题的习惯。

② 培养科学严谨、精益求精的工匠精神。

③ 建立从事定制家具工艺结构设计工作的稳定基础。

④ 养成独立思考、独立判断的学习习惯。

    板式家具的柜体结构包括板式部件本身的结构和板式部件之间的连接结构，板式家具的结合通常采用各种金属五金件连接，方便运输，因为基材打破了木材原有的物理结构，所以在温度、湿度变化较大的时候，人造板的形变要比实木好得多，其质量要比实木家具的质量稳定。

一、板式家具的组装连接

（一）板式家具各部件名称

在板式家具中，不同位置和作用的板件都有不同的称谓，用以区别不同板件，且方便人们在日常生活中沟通交流。板式家具各零部件名称如图 2-1 所示。

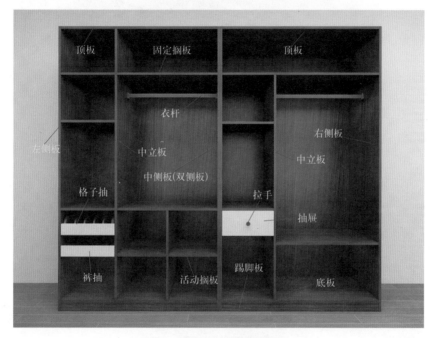

图 2-1　板式家具各零部件名称

（二）产品部件之间的连接方式

板式家具摒弃了框式家具中复杂的榫卯连接结构，而采用圆孔接合方式。圆孔的加工主要是用钻头间距为 32mm 的排钻加工完成的，也就是板式家具结构设计遵循的"32mm系统"。在板式家具中，特别是柜类产品，边板（侧板）是核心部件，因为家具中几乎所有的零部件都要与侧板发生联系。如顶板、底板要连接在侧板上，层板也要搁在侧板上，背板要插或钉在侧板上，门的一边要与侧板相连，连抽屉的导轨也要装在侧板上，因此侧板的加工位置确定后，其他部件的相对位置也就基本确定了。

板式家具部件之间的连接主要分为以下几种。

1. 紧固连接

紧固连接是指利用紧固件（结构连接件）将两个零部件连接后，相对位置不发生改变的连接。常用的紧固连接方式有：偏心式（三合一连接件，图2-2），拉挂式（二合一连接件，图2-3），螺旋式（平头螺钉、欧式螺钉，图2-4）等。

图 2-2　偏心式

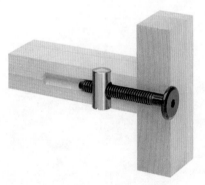

图 2-3　拉挂式

图 2-4　螺旋式

2. 活动连接

活动连接是指利用连接件将两个零部件连接后，可以产生相对位移的连接。常用的活动连接件有铰链（图 2-5）、抽屉滑道（图 2-6）、气压杆（图 2-7）等。

图 2-5　铰链

图 2-6　抽屉滑道

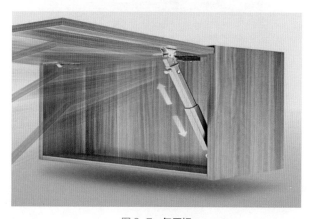

图 2-7　气压杆

3. 支承连接

常见的挂衣架的连接（图 2-8）、衣物篮的连接（图 2-9）等都属于支承连接。

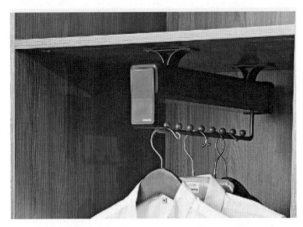

图 2-8　挂衣架的连接

图 2-9　衣物篮的连接

4. 胶合连接

胶合连接是指利用胶水将部件胶合在一起。常用的胶合连接有化妆镜和镜背板的胶合

（图 2-10），其胶水一般为玻璃胶。

图 2-10　化妆镜和镜背板的胶合

二、板式家具柜体及门板工艺结构

（一）顶侧与底侧工艺

1. 侧盖顶（图 2-11）

由侧板盖住顶板，是板式家具中最常见的一种顶侧结构，一般用于衣柜、书柜等高于视平线的家具。

2. 侧盖底（图 2-12）

由侧板盖住底板，是板式家具中最常见的一种底侧结构，多用于落地且柜下方有踢脚线结构的柜子。

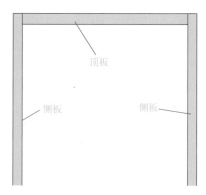

图 2-11　侧盖顶

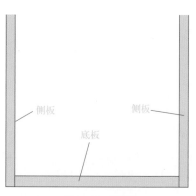

图 2-12　侧盖底

3. 顶盖侧（图2-13）

由顶板盖住侧板，多用于书桌、梳妆台、换鞋凳这类低于视线水平线的家具。

4. 底盖侧（图2-14）

由底板盖住侧板，多用于过门顶柜、欧式吊柜。

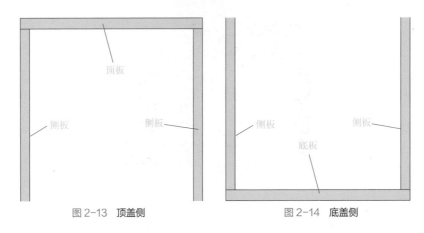

图2-13　顶盖侧　　　　　　　　　　　　图2-14　底盖侧

（二）中竖板 / 中侧板工艺

1. 中竖板 / 中侧板

对于中竖板 / 中侧板，要么顶板和底板都打断，要么都不打断。顶板和底板都打断的一般称为侧板（中侧板）；顶板和底板都不打断的一般称为竖板（中竖板）。如图2-15所示。

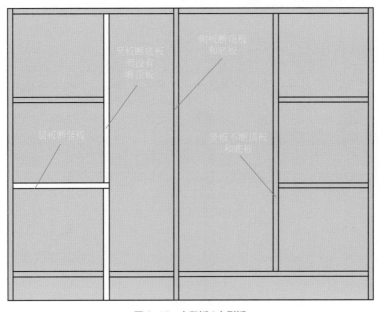

图2-15　中竖板 / 中侧板

2. 中竖板 / 中立板

中立板的功能是将背板分割掉，而中竖板没有这个功能，但现在已经逐渐淡化中立板的概念，中竖板和中立板都采用相同的称呼（图2-16）。

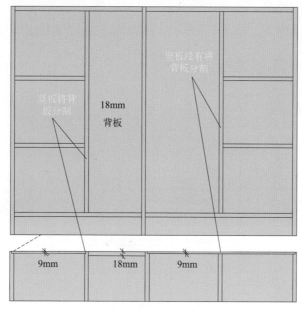

竖板没有将
背板分割

竖板将背
板分割

18mm
背板

9mm   18mm   9mm

图 2-16　中竖板 / 中立板

（三）层板工艺

1. 固定层板

层板位置固定，通常不可移动，常见连接方式有三合一偏心连接件连接、二合一层板托连接。

①三合一偏心连接件连接：隔板不可单独拆装（图2-17）。

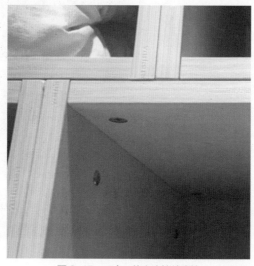

图 2-17　三合一偏心连接件连接

② 二合一层板托连接：隔板可单独拆装（图 2-18）。

图 2-18　二合一层板托连接

2. 活动隔板

隔板位置可根据需求上下调节。通常采用活动层板钉连接，层板的宽度尺寸会略小于柜体内空的净空宽度，以方便层板的取出。在深度方向，为保障柜门的正常开启，会在前端预留出一定的空隙（图 2-19）。

图 2-19　活动层板

（四）背板工艺

1.厚背板（实背板）工艺

厚背板：通常采用厚度为12mm、16mm或18mm的板材，通过三合一偏心连接件连接，夹于侧板、中竖板，以及顶、底板之间（图2-20）。

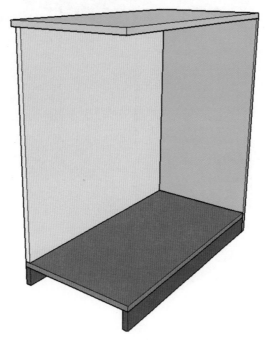

图2-20 厚背板（实背板）工艺

2.薄背板－后钉工艺

采用厚度为5～10mm的背板，在顶、底板和侧板上开背槽，然后将背板放置在槽内，用钉连接的方式将背板固定在背槽内（图2-21）。

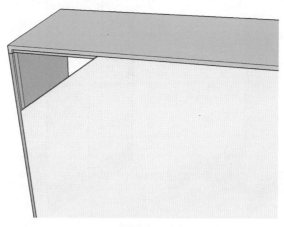

图2-21 薄背板－后钉工艺

3.薄背板-插槽工艺

采用厚度为5～8mm背板，在顶板、底板、侧板表面开槽，然后将背板插入四周的板件内（图2-22）。

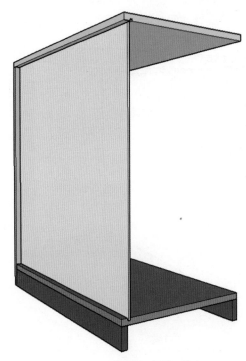

图 2-22　薄背板-插槽工艺

因为薄背板较薄且软，如果使用较大面积的薄背板，需要增加背拉带，背拉带夹于侧板之间或者顶、底板之间，用三合一偏心连接件进行连接（图2-23）。

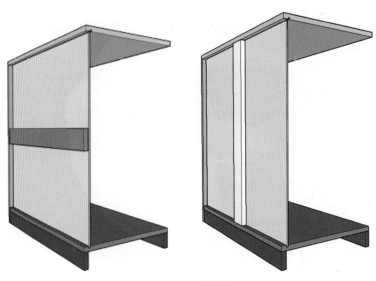

图 2-23　薄背板

（五）踢脚线工艺

踢脚线是板式家具中特有的一种工艺结构，高度为 60 ～ 150mm（榻榻米上衣柜为 200mm），设置在底板下端，夹于两个侧板之间。踢脚线通常设置前后两根，如果踢脚线长度超过 900mm，为保障踢脚线的强度，防止损坏，则需要增加 1 条加固板；超过 1800mm，则增加 2 条加固板（图 2-24）。

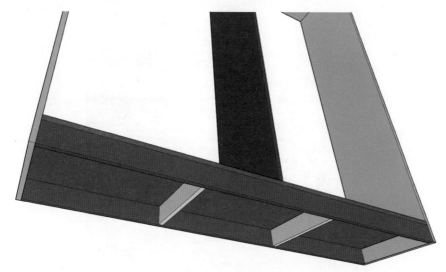

图 2-24　踢脚线工艺

（六）门板工艺

板式家具中，门板通常有掩门、移门、折叠门三种开启方式。

1. 掩门

掩门又称为平开门，是最常见的一种门板开启方式。根据门板与侧板的关系，可分为全盖侧板、半盖侧板和嵌于侧板三种形式（图 2-25）。

图 2-25　掩门的三种形式

2. 移门

移门又称为趟门或推拉门，在衣柜和办公家具中较为常见。由于移门配件不同，移门与柜体之间的关系也不相同，可以嵌于柜体侧板和顶、底板之间，也可以盖在柜体外侧（图2-26）。

图2-26 **移门**

3. 折叠门

折叠门通常用于衣柜、书柜等面积较大的柜体，采用外盖的形式，安装时需要采用专用的折叠门五金配件（图2-27）。

图2-27 **折叠门**

　　门缝预留是一项十分重要的门板工艺，便于门板开合，如果没有预留门缝尺寸，则门板在开启或闭合过程中，门板之间就会相互干扰（图2-28）。

　　门缝的预留尺寸通常按照门洞净空尺寸高度减去3mm，宽度减去3mm。如果是实木门板或者是22mm以上厚度的门板，则需要各减去5mm的尺寸。

图2-28　门缝预留

（七）抽屉工艺

1. 抽屉的分类

根据抽屉结构不同可以采用以下几种分类方式。

① 按照是否有前堵可分为有前堵结构（图2-29）和无前堵结构两种（图2-30）。

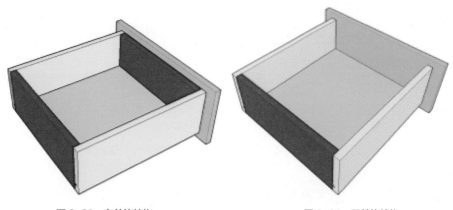

图2-29　有前堵结构　　　　　　　　　图2-30　无前堵结构

② 按照底板形式可分为薄底板（图 2-31）和厚底板（图 2-32）两种。

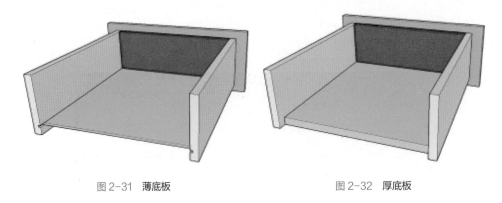

图 2-31　薄底板　　　　　　　　　　　　　　图 2-32　厚底板

③ 按照抽屉面形式可分为外盖屉面（图 2-33）和内嵌屉面（图 2-34）两种。

图 2-33　外盖屉面　　　　　　　　　　　　　图 2-34　内嵌屉面

2. 抽屉尺寸

（1）滚珠三节轨抽屉尺寸

① 高度尺寸。抽屉面板高度受柜体高度影响，取决于设计尺寸。抽屉侧板高度受抽屉面板高度影响，通常下端预留 20mm，上端预留 20 ~ 30mm（图 2-35）。根据每一个企业的标准不同，抽屉侧板的高度也不相同。建议采用 10 的整数倍作为标准尺寸，便于备料和孔位计算。

② 深度尺寸。抽屉深度尺寸取决于柜体净空深度和滑轨长度尺寸，一般采用 50mm 的整数倍作为抽屉侧板长度尺寸的标准，例如 200mm、250mm、300mm、350mm、400mm、450mm、500mm 等（图 2-35）。

③ 宽度尺寸。抽屉的宽度尺寸取决于柜体净空宽度尺寸和滑轨的厚度尺寸（图 2-36），三节轨的标准厚度均为 12.5mm，所以抽屉的宽度 = 柜体净空宽度 -12.5mm×2。

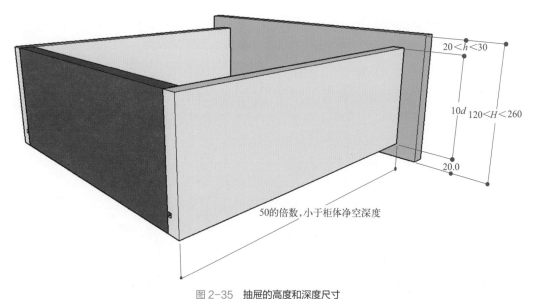

$20 < h < 30$

$10d$　$120 < H < 260$

20.0

50的倍数，小于柜体净空深度

图 2-35　抽屉的高度和深度尺寸

H—抽屉面板的高度；*h*—抽屉面上沿和抽屉侧板上沿的高度；*d*—整数倍

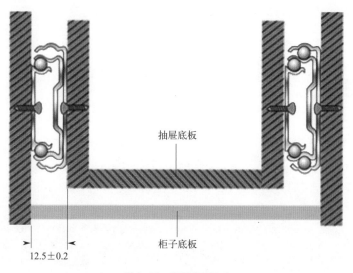

抽屉底板

柜子底板

12.5 ± 0.2

图 2-36　抽屉宽度尺寸

（2）全拉出 / 半拉出托底轨抽屉尺寸

托底轨抽屉尺寸取决于所用的托底轨品牌和型号。每一种托底轨都会配有孔位尺寸说明（图 2-37），在计算尺寸和孔位时依据说明书即可。

（3）多宝格（图 2-38）

多宝格主要用于衣柜中，是一类存放小物件的收纳空间，每一个格子的空间不需要特别大，但需要方便取物。所以多宝格内净空高度通常为 80 ～ 120mm，内部格局可根据放置物品的不同而设计不同尺寸，通常大于 80mm×80mm。

抽屉-551H

设计

| 对柜体内部的空间要求 | 抽屉/内抽 |

A 若转换为全拉式抽屉，需留出3mm的间距

SKW 抽屉净宽

LW 柜体净宽

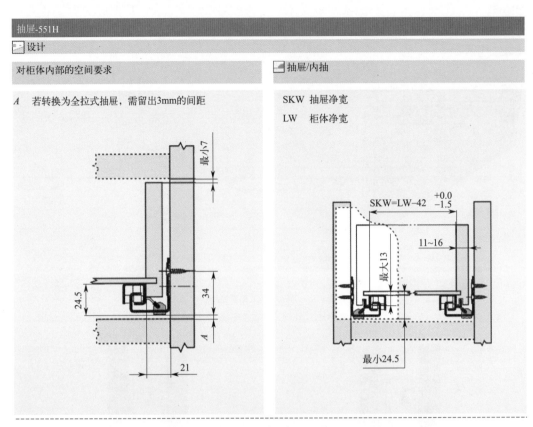

图2-37 托底轨孔位尺寸说明

图2-38 多宝格

多宝格内部起到分隔作用的隔板，可采用厚度为8mm、12mm、16mm、18mm的板件，采用对口插槽工艺形式进行拼接（图2-39）。

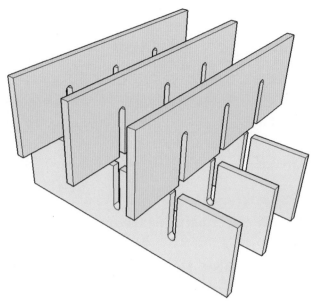

图 2-39　多宝格插槽对接工艺

（4）抽盒工艺结构

根据客户需求，在衣柜中通常都会放置隐藏抽屉，但由于门板的原因，有时会影响抽屉的正常拉出，例如被开启后的门边或者铰链挡住。为了解决该问题，需要在衣柜的抽屉两侧增加一个抽盒（图 2-40）。

根据需求，抽盒可以设置在单侧或双侧。前端为了避开铰链，内缩 80mm，同时满足设备加工的最小板件需求，抽盒的挡条需要大于 55mm，所以很多企业都按照 60mm 的标准进行设计。

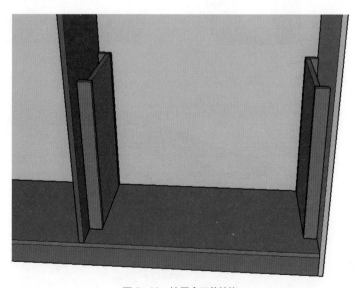

图 2-40　抽屉盒工艺结构

三、板式家具收口工艺结构

在家居装修过程中，施工质量标准和施工水平的不同，会造成地面距离棚顶的尺寸在局部地区有误差、墙体表面不垂直等问题。为了防止家具在安装过程中出现胀尺的问题，很多设计师都会将柜子设计得小一些，这样所做柜子在安装后与棚顶或墙体之间会留有一个缝隙。为解决这个问题，都会在设计过程中增加一个收口条，即收口工艺。

（一）顶板收口工艺

顶板收口通常有三种方式。

① 采用顶盒形式，即将柜体的侧板做高，然后在柜子上端增加一块顶封板，若尺寸有误差，则只需将顶板和侧板进行锯切即可，不会影响柜子的结构（图2-41）。

② 采用顶封板立装形式，侧板与顶板做成同样的高度，在顶板的上端设计一个分体的前封板，如果出现尺寸误差，则只需更改前封板的尺寸即可（图2-42）。

③ 采用顶封板平装形式，适用于棚顶与柜子之间只预留出20mm缝隙的空间（图2-43）。

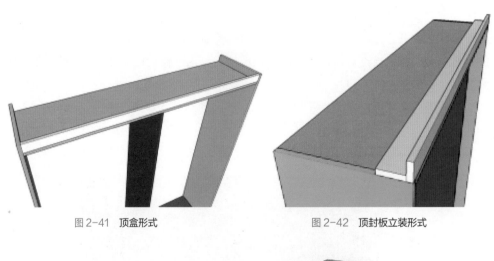

图2-41　顶盒形式　　　　　　　　　　　图2-42　顶封板立装形式

图2-43　顶封板平装形式

（二）立边收口工艺

立边收口工艺有两种，一种是压于墙体外侧（外收口），一种是嵌于墙体内侧（内收口）。根据房屋空间墙体和柜体之间的关系，适当选择其中一种。

1. 外收口形式（图2-44）

即收口线盖在墙体外侧，此时柜体需要小于墙体的净空宽度。在柜体与墙体之间的缝隙位置安装一个填缝条，并用收口条盖住填缝条，采用钉连接或胶连接的方式。

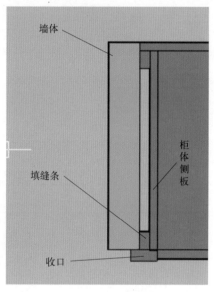

图2-44 外收口形式

2. 内收口形式（图2-45）

即收口线嵌于墙体内侧，此时柜体的尺寸等于墙体的净空宽度去除收口条的宽度尺寸。与外收口条一致，在柜体与墙体之间的缝隙位置安装一个填缝条，并用收口条盖住填缝条，采用钉连接或胶连接的方式。

（三）可视面收口工艺

可视面收口主要应用于柜体材质侧面外露、影响美观的情况下，一般在欧式柜体中较为常见。

先在外漏面的侧面增加一个装修侧板，然后正面用装饰口线（罗马柱）进行收口。为保证整体性，在柜体的踢脚板位置增加外置装修性踢脚线（图2-46）。

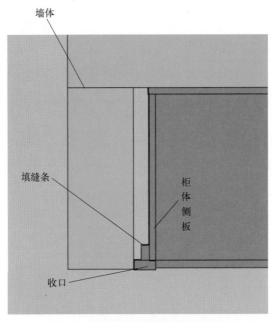

墙体

填缝条

柜体侧板

收口

图 2-45 内收口形式

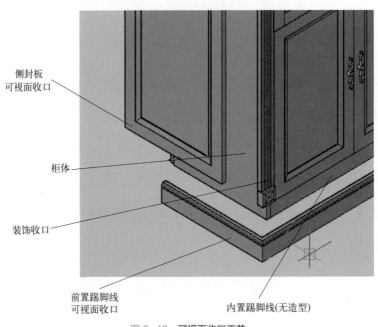

侧封板
可视面收口

柜体

装饰收口

前置踢脚线
可视面收口

内置踢脚线(无造型)

图 2-46 可视面收口工艺

拓展
阅读

志邦家居家具连接件专利

　　志邦家居股份有限公司取得一项名为"一种多重调节的板式家具隐藏式连接件"的

专利，公开号为 CN117072533A，专利申请日期为 2023 年 11 月。

　　专利摘要显示，本发明公开了一种多重调节的板式家具隐藏式连接件，此设计包括框体和插件。利用框体与插件相配合的卡接方式，不仅可以稳固地将板材进行承托，还通过具有可调节性质的折叠件，对板材进行竖向和水平的精准控制。

　　板式家具连接工业只有通过行业内企业的不断技术革新，才能取得可持续的良性发展。这是从中国制造向中国创造的自我升级，是实现中国家具行业转型升级的必经之路。

任务二

板式家具智能化拆单

—— 任务布置 ——

　　某定制家具企业设计师将设计图纸（图 2-47）下单给生产部，现需要拆单人员进行工艺拆单。

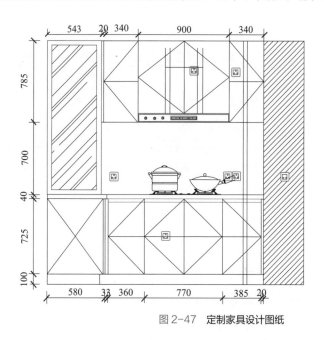
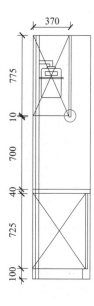

图 2-47　定制家具设计图纸

—— **学习目标** ——

1. 知识目标

① 了解传统拆单及智能化拆单的形式。

② 掌握传统拆单及智能化拆单的拆单方法。

2. 能力目标

能够依据图纸，通过传统及智能化的形式进行图纸拆单。

3. 素质目标

① 养成独立分析问题的习惯。

② 培养科学严谨、精益求精的工匠精神。

③ 建立从事定制家具工艺结构设计工作的稳定基础。

④ 养成独立思考、独立判断的学习习惯。

拆单人员对传统拆单和智能化拆单模式进行分析，从而决定拆单方式。

家具拆单就是根据设计部门设计出的产品图纸，拆单人员按照生产工艺将整个图纸拆分为零部件，并明确各级零部件生产要求的订单分解工作；家具企业按照拆单工作的结果来安排生产、采购等任务并核算成本。

第一，家具都是配有图纸的，图纸上都会标明用料，件数，名称，配件（特殊的外购件，如玻璃、石材等），尺寸等。

第二，根据图纸对照具体的生产工艺，计算出每个零部件的下料尺寸并标注孔位大小和尺寸。

第三，按顺序逐一检查左右立板、中立板、顶底板、隔板、裤架、挂衣杆、门板等，不能有漏件。

现在市面上已有成熟的家具拆单软件，可以直接在软件里做好设计方案，然后由计算机完成拆单工作，大大提升了拆单速度和准确性，让生产变得简单、高效。需要留意的是，有的软件公司根本不懂家具生产也跟风做拆单软件，用低价和概念吸引家具企业购买，几乎没有售后服务，让家具企业白白浪费了升级生产模式进而抢占市场的时间。

一、传统拆单

传统拆单又称为手工拆单，是指根据设计部门设计出的产品图纸，相关人员按照生产工艺将整个图纸拆分为零部件，明确各级零部件生产要求的订单分解工作；企业按照拆单工作的结果来安排采购和生产等任务（图 2-48）。

板式家具料单

订单编号	MC201710001	客户名称		交货日期	
板材颜色		封边颜色		下单日期	
订单内容					

工序名称	下料	开槽/铣形	封边	打孔	组装	包装
负责人						
质检						

序号	板件名称	长	板件尺寸 宽	厚	数	封边方式	开槽	开料面积	周长长度	备注
1				18				0	0	
2				18				0	0	
3				18				0	0	
4				18				0	0	
5				18				0	0	
6				18				0	0	
7				18				0	0	
8				18				0	0	
9				5				0	0	
10				5				0	0	
11				18				0	0	
12				18				0	0	
13				18				0	0	
14				18				0	0	
15				18				0	0	

图2-48 拆单表格

（一）板件拆单

1. 板件拆单的原则

板式家具的拆单应按照一定的顺序进行（先竖后横、先上后下、先前后后、先整体后局部），避免出现漏板的问题，否则会影响家具后续的生产和安装任务。

2. 手工拆单注意事项

在拆单过程中要注意板材的纹理，通常顺纹理方向写在前面，作为板件的长度尺寸，逆纹理方向写在后面，作为板件的宽度尺寸。如果长和宽颠倒，则在下料过程中，会出现纹理错误的现象，导致生产混乱。如若板材无纹理，则通常将较大的尺寸作为长，较小的尺寸作为宽。

拆单尺寸不能超过原料尺寸，例如企业常备的板材是 4ft×8ft（1219mm×2438mm），则拆单后的板件，在长度尺寸上不能超过 2438mm，宽度尺寸上不能超过 1219mm。

3. 特殊部件拆单

（1）活动隔板

活动隔板是指可上下调节的隔板，为方便拆卸，需要对活动隔板宽度尺寸进行减尺，左右各留 1mm 活动量。

活动隔板的深度方向尺寸也会前缩进 5 ~ 15mm，防止活动隔板凸出柜体前沿，影响门板开启。

（2）门板

因为设计图纸中在表达门板尺寸时很少会绘制出门缝尺寸，所以需要拆单人员对门板进行减尺，根据门板工艺结构，需要在每一个方向减 3mm 的门缝尺寸（图 2-49）。

进行门板拆单时还需要对门板铰链孔数量和位置进行规定，防止门板铰链安装后与其他板件互相干涉。

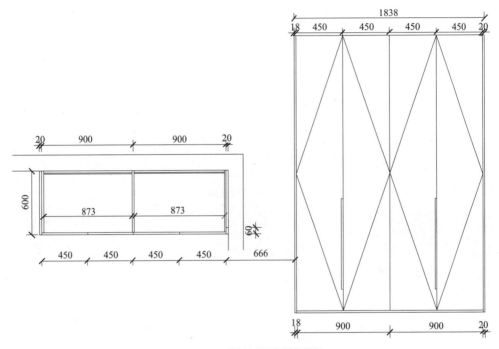

图 2-49　定制家具门板结构图纸

板件拆单后，需要对板件进行汇总，算出板材使用量和封边条使用量，报库房进行材料出库。

（二）五金拆单

五金拆单是手工拆单的一部分，拆单人员应对产品需要的五金配件的种类、数量、规格尺寸进行汇总，交由库房管理人员进行出库。需要特殊采购或外协加工的物料，应交由采购人员进行采购。

1. 常规五金拆单

对于家具的五金拆单，可分为结构五金和功能五金两类进行。

① 结构五金：即用于连接柜体的五金，通常指三合一偏心连接件、二合一活扣件、活

动层板托、铰链等。需要在拆单表格中写出所用五金的名称、规格尺寸、数量。

② 功能五金：即满足功能需求的五金，例如抽屉滑轨、门板拉手、地脚、吊码、衣通等。需要在拆单表格中写出所有五金的名称、规格、数量。

2. 特殊五金 / 外协加工配件拆单

① 特殊五金：使用频次不高，无须常备库存，拆单时需要写明采购物品的名称、规格、颜色、数量等相关要求。

② 外协加工配件：即需要外协工厂进行加工的配件产品，拆单时需要注明采购物品的名称、规格、数量、颜色等相关要求，如仍然无法表述清楚，则需附图纸。

二、智能化拆单

（一）智能化拆单概述

1. 智能化拆单概念

板式家具智能化拆单是指利用数字化智能技术，对家具拆单环节进行精确设计、智能拆单，具有防呆纠错、高效科学的特点，可使拆单作业流程化、系统化、智能化、高效率、可量化。

智能化拆单软件具备三大核心，分别为空间分割快速定位、自定义工艺组件和定制各类生产表单。

采用空间线性分割方式，在各个空间里面摆放预先定义好工艺的板件或组件，可以任意修改空间大小，产品尺寸、孔位、五金配件亦可自行调整。

智能化拆单软件还支持各种五金配套规则，支持各种镶嵌线条门板、隐形连接件、内嵌拉直器等板式工艺。完善好企业定制数据库后，可真正实现一键报价、一键拆单、一键生成各种类型物料采购清单。

2. 智能化拆单软件发展及现状

定制家具行业早期，拆单软件功能不完善，又不能完全参考国外同类型软件，因为随着国内定制家具崛起，国外同类型软件在易用性和功能上根本无法满足国内企业的需求，最终国产定制家具软件大放异彩。

早期拆单软件着重于设计和拆单的功能，满足不同规模定制家具企业需求。帮助工厂可以更快捷设计各类异型柜，实现软件化拆单，更高效设计生产订单。拆单软件的普及让行业告别了人工 CAD 拆单的时代，满足了行业的发展需求。

但随着定制家具市场竞争加剧，企业的软件需求发生了新的变化。而且软件行业因为时间久了难免开始出现功能同质化。行业新变化让拆单软件不仅要做功能优化，还要做流程优化。目前行业主流的"前后端一体化"其实就是流程优化的一个代表。通过前后端一体化，门店既具备用精美效果图营销的能力、快速设计的能力，也能快捷下单至工厂。而工厂处理门店订单可以一键拆单。整个过程节省了过去需要反复沟通和二次画图的时间和人工成本。这也是前后端一体化模式得以在行业迅速普及的原因。

（二）智能化拆单功能模块

1. 前后端一体化

前端设计软件快速设计精美的效果图，从产品工艺、产品模块、五金配件等方面全方位与后端软件打通，工厂可直接处理前端门店订单，完成"一键拆单"，降低了沟通成本，提高了下单速度与便捷度（图2-50）。

图2-50　前后端一体化

2. 智能化拆单的三种设计模式

智能化拆单软件具有三种设计模式。

（1）极速橱柜设计模式

拆单员直接在软件中调用产品模型（图2-51），对柜体的尺寸进行修改，并且根据实际需求更改柜体的内部结构，例如背板、隔板、缺角、铣型等（图2-52）。

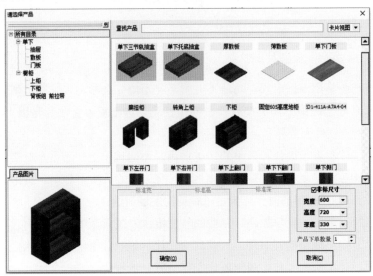

图2-51　极速橱柜设计模式

图 2-52 更改柜体结构

（2）模块化组合设计模式

每一类家具产品都是由若干个模块组成的，在智能化拆单软件中，建立不同种类的模块，通过模块与模块之间的组合，完成家具设计拆单。

智能化拆单软件的模块可分为框架模块（A 模块，图 2-53）、内部结构部件模块（B 模块，图 2-54）和标准化柜体及组件模块（N 模块，图 2-55）。通过三种类型的模块组合，即完成模块化组合设计。

A 模块 + B 模块 + N 模块 = 产品（图 2-56）。

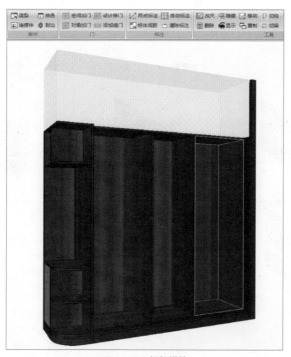

图 2-53 框架模块

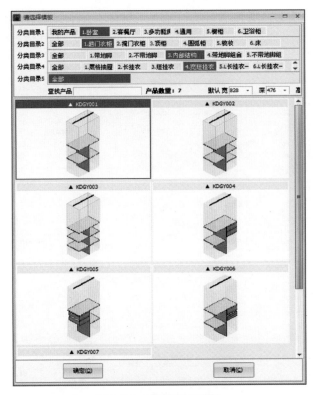

图 2-54　内部结构部件模块

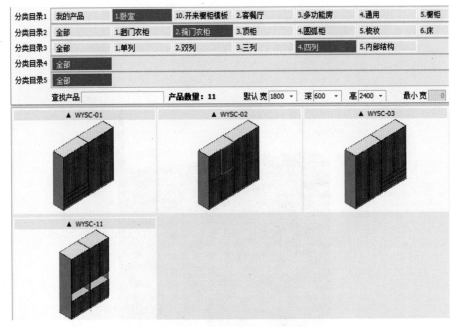

图 2-55　标准化柜体及组件模块

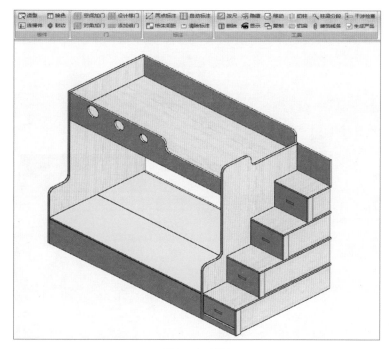

图 2-56 **产品**

（3）自由设计模式

采用空间线性分割（图 2-57），在空间内摆放各种预先定义好工艺的板件或组件（图 2-58），可任意组合，最终形成各种各样的产品。

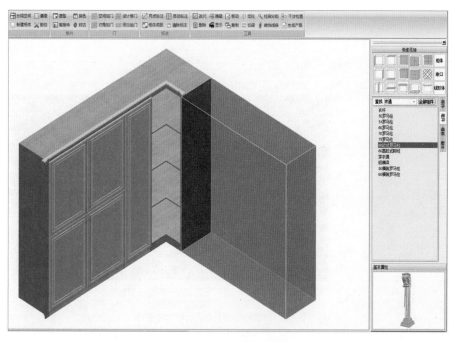

图 2-57 **空间线性分割**

　　智能化拆单软件可实现非标、异型柜体建模（图2-59）；可快速添加和修改五金配件、功能配件（图2-60）；可快速开缺角、掏洞、倒角、开斜槽（图2-61），且支持组件模块的二次编辑（图2-62）；同时支持一键生成墙柱缺口（图2-63）和柜体缺口编辑（图2-64）。

图2-58　板件或组件

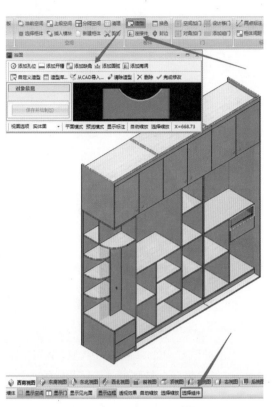

图2-59　非标、异型柜体建模

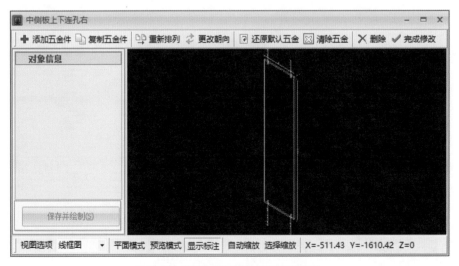

图2-60　添加和修改五金配件和功能配件

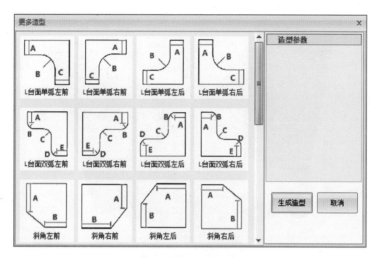

图 2-61 快速开缺角、掏洞、倒角、开斜槽

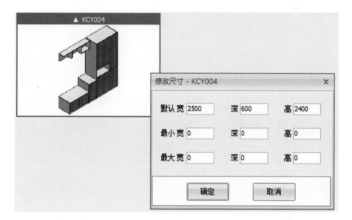

图 2-62 组件模块的二次编辑

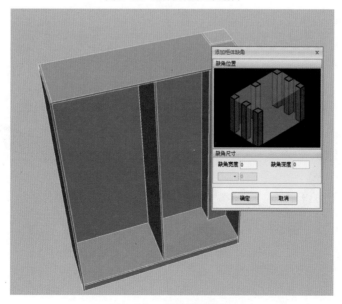

图 2-63 一键生成墙柱缺口

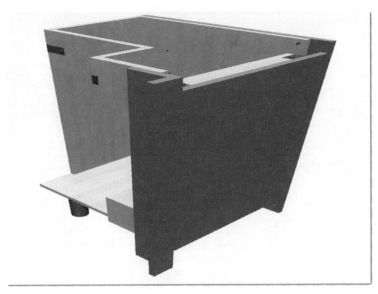

图 2-64　柜体缺口编辑

3. 异常纠错检测

　　智能化拆单软件在完成设计后可以应用纠错检测功能（图 2-65），对板件与板件之间的干涉情况进行自动检测，并判断孔位、五金配件是否相互碰撞（图 2-66）等，对异常情况进行纠错检测，防止在后期生产制造和安装过程中产生不必要的错误。

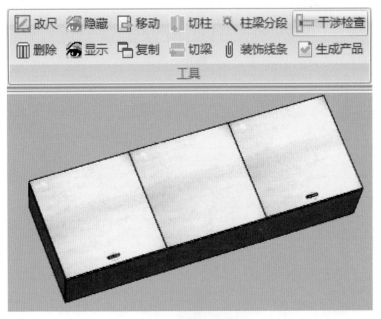

图 2-65　智能板件干涉检测

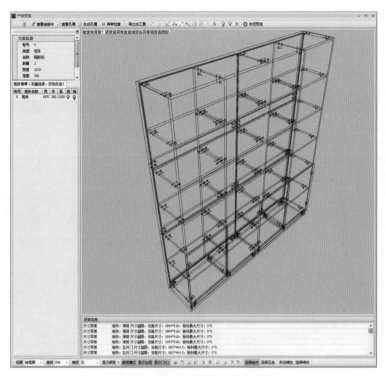

图 2-66　孔位、五金配件碰撞异常检测

4. 智能核算板材使用量及有效利用率

完成自动检测后，可进行板材使用量和有效利用率核算（图 2-67），便于企业控制原材料的成本，并进行成本核算。

图案 /	板材序号	类型	运行数	运行周期	最大堆垛	废料率	总面积	工件数量	工件面积	余料数量	余料面积
1	1 长度方向切		1	1	1	60.4%	2.98	3	0.00	3	1.18
2	1 长度方向切		1	1	1	44.2%	2.98	2	0.00	2	1.66
3	2 长度方向切		2	1	2	76.5%	5.95	2	0.00	2	1.40
4	2 长度方向切		1	1	1	73.7%	2.98	5	0.00	2	0.78
5	2 长度方向切		1	1	1	27.1%	2.98	1	0.00	1	2.17
6	3 长度方向切		1	1	1	100.0%	2.98	9	0.00	0	0.00
7	3 长度方向切		1	1	1	100.0%	2.98	12	0.00	0	0.00
8	3 长度方向切		1	1	1	100.0%	2.98	11	0.00	0	0.00
9	3 长度方向切		1	1	1	95.2%	2.98	14	0.00	1	0.14
10	3 长度方向切		1	1	1	88.3%	2.98	12	0.00	3	0.35
11	3 长度方向切		1	1	1	32.7%	2.98	9	0.00	2	2.00
12	4 长度方向切		4	4	1	100.0%	11.91	16	0.00	0	0.00
13	4 长度方向切		1	1	1	100.0%	2.98	7	0.00	0	0.00
14	4 长度方向切		1	1	1	100.0%	2.98	15	0.00	0	0.00
15	4 长度方向切		1	1	1	100.0%	2.98	10	0.00	0	0.00
16	4 长度方向切		1	1	1	100.0%	2.98	13	0.00	0	0.00
17	4 长度方向切		1	1	1	100.0%	2.98	14	0.00	0	0.00

图 2-67　智能核算板材使用量和有效利用率

5. 智能生成报价单、板件清单及五金清单

智能化拆单软件还可以完成报价单、板件清单及五金清单的自动生成，给销售、生产、

采购等各个部门提供数据，以达到无纸化办公、提高部门之间的工作效率、降低错误率，和沟通成本的目的。

6. 物料优化排版和生产加工文件（图2-68）

应用软件可对板材进行开料优化，并生成设备所需要的加工文件。完成拆单数据与加工设备的生产对接。

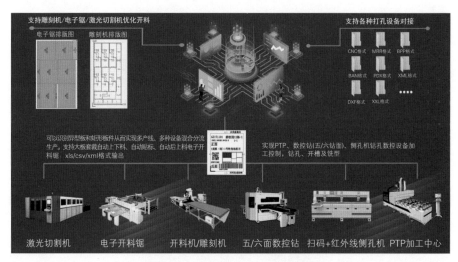

图2-68　优化排版和加工文件对接设备

7. 智能排产（图2-69）

通过软件可灵活地进行排产，有效地提高生产效率。更合理的生产计划确保产能利用最大化，不仅能减少配套周期，确保订单各部件同时入仓，减少成品仓配套等待时间，还能提升材料利用率，对订单进行批量揉单生产。

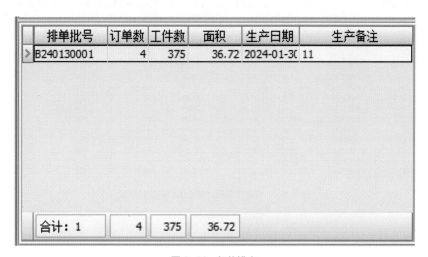

图2-69　智能排产

三、案例分析——更衣柜拆单

根据客户需求定制一款四门更衣柜，现需要对更衣柜进行智能拆单。

（一）应用拆单软件根据尺寸对更衣柜进行绘制

1. 应用拆单软件绘制更衣柜内部空间结构

① 根据更衣柜内部结构进行空间分割（图2-70）。

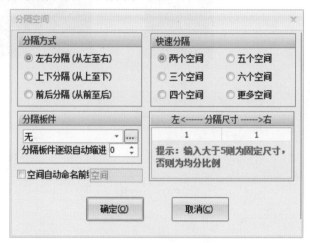

图2-70 进行空间分割

② 添加柜体板件，并添加所需要的功能五金（图2-71）。

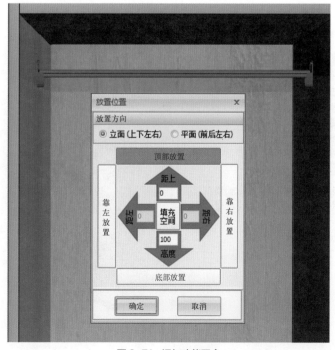

图2-71 添加功能五金

2. 绘制门板

完成内部空间设计后，根据需求绘制门板（图2-72）。可选择门板的遮盖形式，并调节门板对顶底侧板的遮盖量。

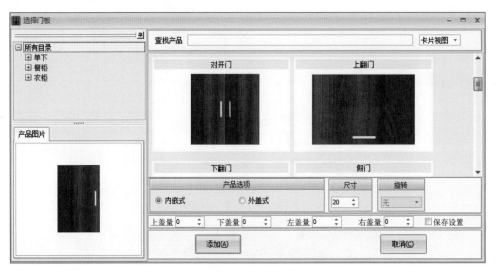

图 2-72　绘制门板

3. 异常检测

完成绘制后，生成产品，并对产品进行板件的异常检测（图2-73）。

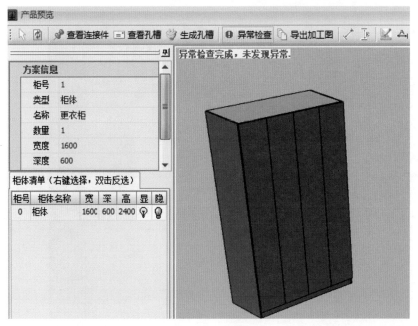

图 2-73　异常检测

4. 查看孔位

对绘制的产品进行孔位检查，查看是否存在漏孔和孔位朝向是否正确（图 2-74）。

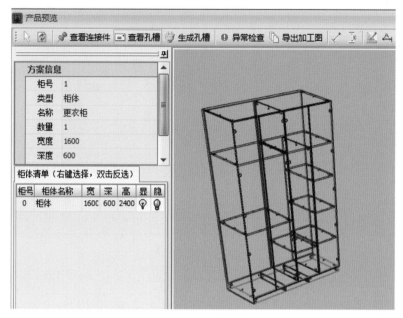

图 2-74　查看孔位

5. 生成产品报价、板件清单

完成产品绘制后，可应用软件一键生成板件清单及产品报价（图 2-75、图 2-76）。

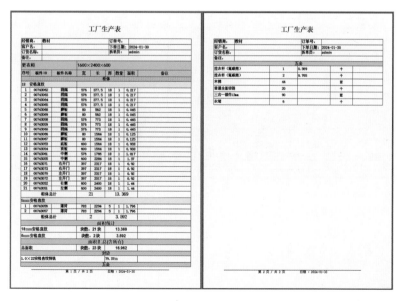

图 2-75　板件清单

（扫底封二维码查看高清图）

全屋定制报价合同

经销商	教材		订单号	
客户名			下单日期	2024-01-30
订单名称			设计师	admin
地址				

柜体				宽(W)	高(H)	深(D)
更衣柜				1600	2400	600

材料名称	型号	工件	长	宽	数量	单价	金额
材料	18mm安格直纹	左侧	2400	600	1.44	¥80.00	¥115.20
材料	18mm安格直纹	右侧	2400	600	1.44	¥80.00	¥115.20
材料	18mm安格直纹	底板	1564	600	0.938	¥80.00	¥75.07
材料	18mm安格直纹	顶板	1564	600	0.938	¥80.00	¥75.07
材料	18mm安格直纹	中侧	2284	600	1.37	¥80.00	¥109.63
材料	5mm安格直纹	薄背	2294	783	1.796	¥65.00	¥116.75
材料	5mm安格直纹	薄背	2294	783	1.796	¥65.00	¥116.75
材料	18mm安格直纹	圆隔	773	576	0.445	¥80.00	¥35.62
材料	18mm安格直纹	圆隔	773	576	0.445	¥80.00	¥35.62
材料	18mm安格直纹	圆隔	773	576	0.445	¥80.00	¥35.62
材料	18mm安格直纹	中侧	1786	576	1.017	¥80.00	¥81.38
材料	18mm安格直纹	圆隔	377.5	576	0.217	¥80.00	¥17.39
材料	18mm安格直纹	圆隔	377.5	576	0.217	¥80.00	¥17.39
材料	18mm安格直纹	圆隔	377.5	576	0.217	¥80.00	¥17.39
材料	18mm安格直纹	圆隔	377.5	576	0.217	¥80.00	¥17.39
材料	18mm安格直纹	脚板	1564	80	0.125	¥80.00	¥10.01
材料	18mm安格直纹	脚板	1564	80	0.125	¥80.00	¥10.01
材料	18mm安格直纹	脚板	562	80	0.1	¥80.00	¥8.00

第1页/共2页　日期：2024-01-30

材料	18mm安格直纹	脚板	562	80	0.1	¥80.00	¥8.00
材料	18mm安格直纹	左开门	2317	397	0.92	¥80.00	¥73.58
材料	18mm安格直纹	右开门	2317	397	0.92	¥80.00	¥73.58
材料	18mm安格直纹	左开门	2317	397	0.92	¥80.00	¥73.58
材料	18mm安格直纹	右开门	2317	397	0.92	¥80.00	¥73.58
合计						价格:	¥1311.83

五金				
挂衣杆（直径展）		3	0	0.0
木楔		44	0	0.0
普通全盖铰链		20	0	0.0
三合一锁杆12mm		90	0	0.0
木塞		6	0	0.0
五金合计			单价	0
价格总计		¥1311.83元		

第2页/共2页　日期：2024-01-30

图 2-76　产品报价单

（扫底封二维码查看高清图）

6. 生产排单

应用软件进行智能排单，可以将多个使用相同板材的订单同时加工，以提高板材利用率，提高生产效率，降低生产成本（图2-77）。

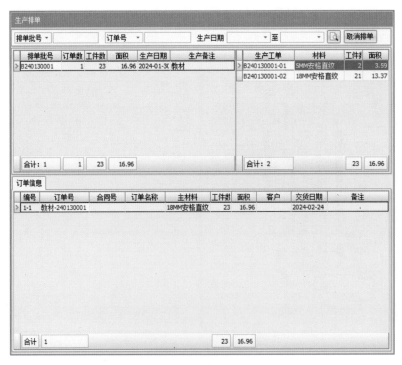

图 2-77　生产排单

7. 智能优化

应用软件对下料板材进行优化，可最大化提高板材利用率（图 2-78）。

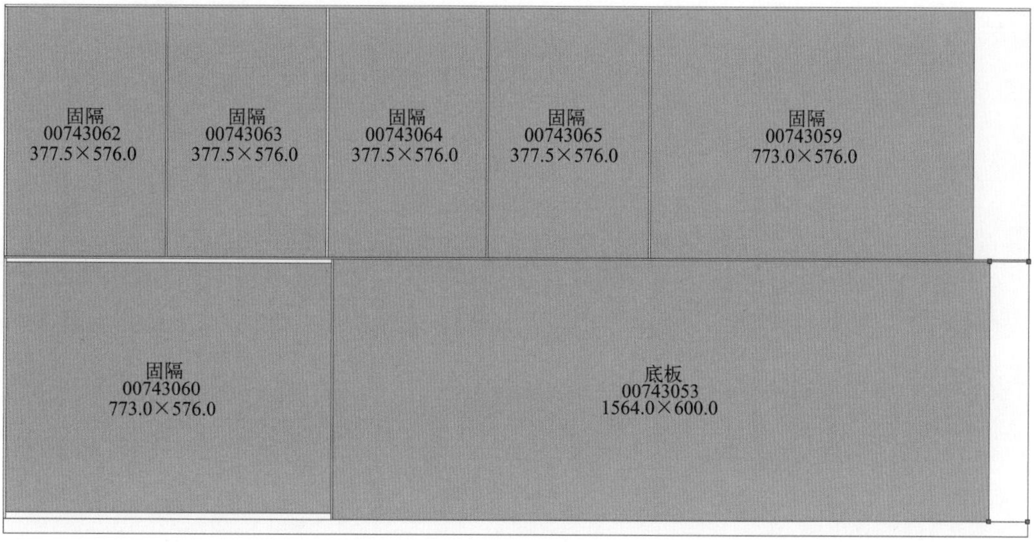

图 2-78 **排版优化**

8. 生成加工文件

生成设备所需要的加工文件。完成拆单数据与加工设备的生产对接（图 2-79）。

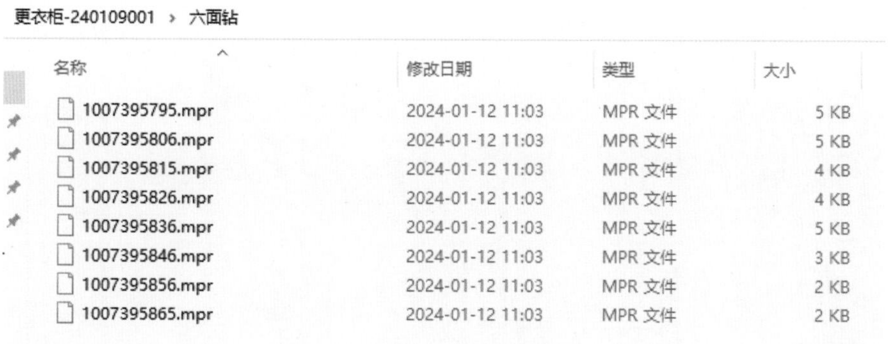

更衣柜-240109001 › 六面钻

名称	修改日期	类型	大小
1007395795.mpr	2024-01-12 11:03	MPR 文件	5 KB
1007395806.mpr	2024-01-12 11:03	MPR 文件	5 KB
1007395815.mpr	2024-01-12 11:03	MPR 文件	4 KB
1007395826.mpr	2024-01-12 11:03	MPR 文件	4 KB
1007395836.mpr	2024-01-12 11:03	MPR 文件	5 KB
1007395846.mpr	2024-01-12 11:03	MPR 文件	3 KB
1007395856.mpr	2024-01-12 11:03	MPR 文件	2 KB
1007395865.mpr	2024-01-12 11:03	MPR 文件	2 KB

图 2-79 **生成加工文件**

同步练习

根据图 2-80 和图 2-81 中所给四门衣柜图纸进行拆单。

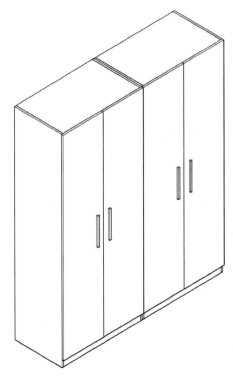

图 2-80 四门衣柜轴测图

部分部件说明:

Ⓐ 顶板

Ⓑ 固定搁板

Ⓒ 活搁板

Ⓓ 底板

Ⓔ 旁板

Ⓕ 门板

Ⓖ 背板

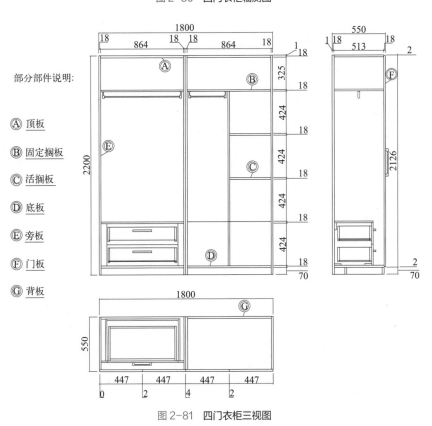

图 2-81 四门衣柜三视图

板式家具智能制造软件

板式家具智能制造软件是一种专门为板式家具生产设计的软件系统，它结合计算机辅助设计（CAD）、计算机辅助制造（CAM）和企业资源规划（ERP）等功能，实现了从设计、生产到管理的全流程数字化。

常见的板式家具智能制造软件通常具备以下功能。

① 设计功能：提供了丰富的家具设计工具，如 3D 建模、材质和颜色选择、尺寸定制等。

② 生产规划：根据设计方案自动生成生产计划，包括材料清单、加工工艺和工时估算等。

③ 智能排料：通过优化算法，最大限度地利用板材，减少浪费。

④ 生产管理：跟踪生产进度、库存管理、订单管理等，提高生产效率和管理水平。

⑤ 数控加工：与数控设备集成，直接将设计数据传输到加工设备，实现高精度的生产。

板式家具智能制造软件的研发与应用提高了定制家具企业生产效率、降低成本、提高产品质量，并实现生产过程的数字化管理。现阶段软件已经完全国产化，是中国家具智能制造的基础，为中国板式家具企业量身定制。这些能够引领中国家具行业发展的领先技术，是我国家具行业发展的基石，是中国智造的基石。

笔记

项目三

板式家具数字化生产制造

任务一

板式家具数字化配料工艺

—— **任务布置** ——

　　某公司生产车间欲进行板式家具的产品生产，开料工段接到的任务工作单：生产 1 套鞋柜的部件，利用规格为 2440mm×1220mm×18mm 的三聚氰胺双饰面刨花板，加工成品板材。

—— **学习目标** ——

1. 知识目标

① 了解板式家具的裁板方式。

② 了解裁板的工艺要求。

③ 了解裁板设备的操作方法和安全规程。

④ 了解配料检验方法。

⑤ 了解特殊部件制备的设备及方法。

2. 能力目标

能够合理运用各种设备进行板式家具配料工作。

3. 素质目标

① 养成独立思考的习惯。

② 培养科学严谨、精益求精的工匠精神。

③ 培养从事定制家具设计工作的创新精神。

④ 养成独立分析、独立判断的学习习惯。

一、配料工艺介绍

板式家具的配料工艺是板式家具生产的第一环节，其重要性不言而喻。配料的意义在于将整张板材切割成后续加工所需要的尺寸，所以对加工所需的精度要求较高。

二、数字化配料工艺

原有的配料工艺受加工设备限制，其精度难以保证，加工效率也较为低下，板材的使用率较低，且受到主机手的技术和操作影响，切割时的错误率也很大。如今现代化家具企业所使用的设备基本为电子设备，内部采用计算机控制，其精度可达到 ±0.1mm，全程由屏幕指导操作，且板材切割方式由计算机进行自动优化，大大提高了工作效率，减少了不必要的失误。

（一）单板裁切工艺

1. 单板裁切方法及工艺要求

（1）裁板方式

① 传统的裁板方式。传统的裁板方式是在人造板上先裁出毛料，而后裁出净料的方法。其的特点是适合用于胶合工艺的裁板加工，缺点是增加毛料加工工序，浪费原材料。

② 现代的裁板方式。现代板式家具生产中的裁板方式是直接在人造板上裁出精（净）料，因此裁板锯的精度和工艺条件等直接影响家具零部件的精度。

无论何种裁板方式，为了提高原材料的利用率，在裁板之前，都必须设计裁板图。

裁板图是根据零部件的技术要求，在标准幅面的人造板上设计的最佳锯口位置和锯截顺序图。裁板图的设计是一个"加工优化"的技术环节，要考虑的问题是：人造板的规格；有纹理图案的人造板在有些情况下还需注意毛料在幅面上配置的纤维方向；配足零部件的数量及规格；人造板的出材率最高，所剩人造板的余量最小或尽可能再利用。

在进行任何裁板图设计时，都涉及余量是否计算的问题。现以一些企业的生产实例来说明这一点，即不管人造板所剩的余量多少，常以余料的宽度来计算。假设余料的宽度以抽屉面板的宽度来做基数，如抽屉面板宽度为140mm，须在抽屉面板宽度的两边各加 5 ～ 10mm，再加上锯路（假定为5mm），即成为170mm。当宽度大于等于170mm 时，可用于下一批零部件的生产，但废品率按20% 考虑并计算在这批零件中，80% 出材率考虑到下一批产品中。宽度小于170mm 为不可用，废品率为100%，计算在这批零件的废料中。

由于裁板的精度要求，在设计裁板图时第一锯路需先锯掉人造板长边或短边的边部 5 ～ 10mm，以该边作为精基准，再裁相邻的某一边 5 ～ 10mm，以获得辅助基准。有了精基准和辅助基准后再确定裁板方法，进行裁板加工。

（2）裁板方法

① 单一裁板法。单一裁板法是在标准幅面的人造板上仅锯出一种规格尺寸净料的裁板方法。在大批量生产或生产的零部件规格比较单一时，一般采用单一裁板法（图3-1）。

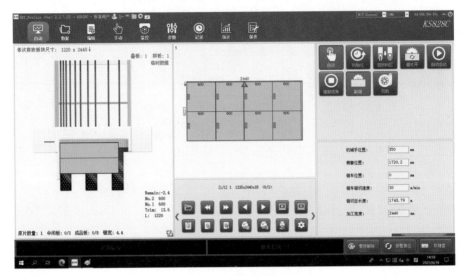

图3-1　单一裁板法

② 综合裁板法。综合裁板法是在标准幅面的人造板上锯出两种以上规格尺寸净料的裁板方法。现代板式家具生产中多采用综合裁板法下料，这样可以充分利用原料，提高人造板的利用率（图3-2）。

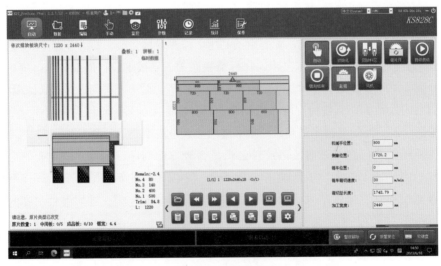

图3-2　综合裁板法

（3）裁板的工艺要求

① 加工精度。由于现代板式家具生产中的裁板工艺是直接裁出精（净）料，因此对于

裁板的尺寸加工精度要求很高，其裁板精度要小于 ±0.2mm，一些高精度的裁板设备可以保证加工精度控制在 ±0.1mm 以内。

② 主锯片与刻痕锯片的要求。现代裁板除要求尺寸加工精度高以外，还要求在裁板时板件的背面不许有崩茬（这种加工缺陷是锯片在切削力、切削方向的作用下容易产生崩茬）。设置刻痕锯片是解决裁板时出现崩茬的最佳方法，即在主锯片切削前，用刻痕锯预先在板件的背面锯成一定深度的锯槽，这样用主锯片裁板时就不会出现崩茬的问题。刻痕锯锯切深度为 2 ~ 3mm，刻痕锯片的转向与主锯锯片的转向相反（图3-3）。

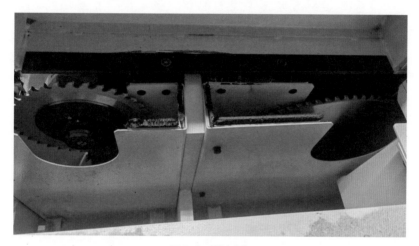

图3-3　锯片实物

理论上，主锯片的锯路宽度要等于刻痕锯片的锯路宽度，但是设备在加工过程中的部分误差及传输部分的间隙等，会使两个锯路发生偏差。因此在实际生产中，主锯片的锯路宽度要小于刻痕锯片的锯路宽度，一般为 0.1 ~ 0.2mm。如主锯片的锯路宽度大于刻痕锯片的锯路宽度，刻痕锯则不起作用。如主锯片的锯路宽度过小或刻痕锯片的锯路宽度过宽，就会在板件的边部产生刻痕锯片的锯痕，边部呈现阶梯状，板件封边后出现过量的胶黏剂易留在此处。

③ 幅面上纤维方向的要求。编制薄木饰面或木纹纸的木质材料的裁板图时，还需注意毛料在幅面上配置的纤维方向。

为了在较短的工作时间内配足毛料数量，并使材料损失最少，可以运用计算机确定出最佳锯截方案，这样可缩短编制裁板图的时间，提高毛料出材率，并有可能使有效出材达到 95% ~ 96%。

2. 单板裁切数字化排版

很多加工软件或者设备的自带软件都具有优化裁板的功能，在对应的设备中可以通过数据的输入和软件的计算进行合理的优化设计，通过设备的自动运行加工得到高精度、高质量的板件（图3-4、图3-5）。

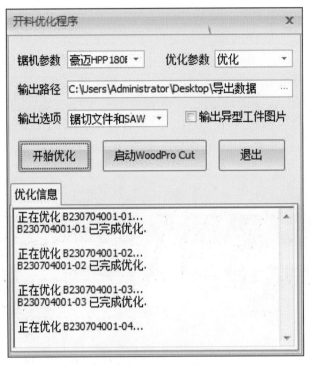

图 3-4　电子开料锯优化

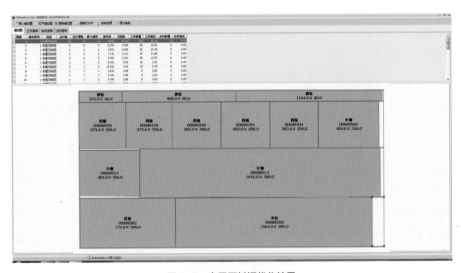

图 3-5　电子开料锯优化结果

（二）板式家具裁板设备操作

1. 电子开料锯

（1）电子开料锯外观及工作原理

电子开料锯主要由操作屏幕、工作台、锯车、压梁组成（以 KS828 为例）（图 3-6）。

图 3-6　**电子开料锯**

电子开料锯的工作原理是锯片高速旋转切割板材，利用前后两个锯片，先在板材下方划出槽，再利用大锯片将板材完全切割，得到想要的尺寸。

（2）电子开料锯操作方法

电子开料锯的操作分为自动操作及手动操作。一般情况下，工艺部接到大批量或者整体家具的制作要求时，采用软件拆单的方式生成开料数据，将数据传输到电子开料锯的计算机内部进行自动操作。操作者只需要根据屏幕的提示选择合适的板材，进行开料的操作。如果是进行物料的补充、尺寸的修改等数量较少的板材切割，操作者往往使用手动的方式，根据实际情况进行切割操作。

（3）电子开料锯安全操作规程

使用前务必详细阅读和理解相应的安全规则，并严格按照相关安全操作执行，如有疑问，切勿擅自使用设备，应联系就近的经销商或机器生产商解决。

安全操作规程如下：

① 开机前请检查并清理机器上的杂物；

② 开机时请提醒周围的工作人员注意安全；

③ 配件（锯片等）脱落时，应确认机器完全停止才可进行维修；

④ 更换配件后，应先在没有加工材料的状态下进行试运转；

⑤ 在机器刚启动时，应先使机器进行充分的试运转，确认正常之后才能开始加工；

⑥ 在机器运转的过程中禁止用手或其他物体触碰吸尘罩、加工材料和配件；

⑦ 当加工中出现任何异常情况时，请立即按下紧急停止开关；

⑧ 请在关机及切断电源的状态下进行维护和修理；

⑨ 非专业人员禁止打开控制箱及电控柜；

⑩ 更换电气元件前，应切断机器电源；

⑪ 定期检查安全保护装置功能是否正常，若发现故障应立即维修解决；

⑫ 交流驱动器内部的电子元件对静电特别敏感，因此不可将异物置于交流电机驱动器内部或触摸主电路板；

⑬ 切断电源后，交流变频器数字操作器指示灯未熄灭前，表示内部仍有高压，十分危险，不可触摸和维修；

⑭ 维修机械时为防止他人操作机器，必须标识"维修作业中"的醒目字样；

⑮ 停电或打雷时，务必断开主电源开关，避免雷击电气元件导致机器使用故障。

注意事项：

① 严禁未经书面许可擅自更改机器结构；

② 购买使用原厂零部件；

③ 使用手册未涉及内容的维修保养，可联系就近的经销商解决。

2. 数控裁板机操作方法与安全操作规程

（1）数控裁板机简述

电子开料锯的工作原理注定了其只能切割矩形的板件，如果板件需要特殊的形态，如弧形、不规则形状等，需要后续利用数控加工中心等设备进行二次铣型，这种做法虽然普遍，但是会极大地增加加工时间，且浪费板件。这个时候数控裁板机应运而生。数控裁板机可以如加工中心般进行操作，对于切割的线路，没有固定的方向，可以一次性加工多种形态的板件。

（2）数控裁板机外观及工作原理

数控裁板机由贴标机、升降台、刀轴模块、工作台、自动运输台等组成（图3-7）。

数控裁板机的工作原理是计算机系统控制刀轴模块中高速旋转的刀具，对工作台上的板材进行切割，得到想要的形状和尺寸。

（3）数控裁板机操作规程

准备工作：各种型号铣刀、刀卡扳手。

设备启动：

① 开启电源和气源，打开除尘设备；

② 将待加工板件整齐摆放在上料机上；

③ 开启计算机，打开贴标软件和加工中心软件，将贴标机和铣刀归零；

④ 进行对刀，并进行对刀修正。

加工运行：

① 导入加工程序；

② 开始进行自动加工；

图 3-7 数控裁板机

③时刻注意观察设备动态，若出现崩边，应及时更换刀具。

加工结束：

①取下自动运输台上已加工完成的零部件，将其整齐摆放在托盘上；

②板件要轻拿轻放，防止磕碰与掉落；

③将废料放置在废料箱中；

④关闭软件，关闭计算机，关闭设备电源，切断总电源。

日常维护与保养：

①每天下班前清理设备表面的木屑与灰尘；

②每周对注油孔进行注油；

③每周清理油水分离器积水；

④每月在油盒内加机油。

安全操作注意事项：

①没有接受过设备专业培训的人员禁止操作该设备；

②禁止操作者为贪图方便而将安全保护装置（如紧急开关、安全保护光栅、安全门罩开关等）直接短路操作机器；

③禁止穿戴手套、领带、裙类等宽松服装靠近正在转动的机器部件（如铣刀主轴、钻轴、真空泵等）；

④禁止在麻醉剂（如酒精或毒品）的影响下操作生产设备；

⑤禁止手脚靠近正在工作且移动中的加工机头；

⑥女性操作者必须将辫子盘起并戴上工作帽，才能允许操作机器；

⑦在接通生产装置、开始生产之前确认不会危及任何人；

⑧不要在生产设备上存放任何物料；

⑨遵守生产设备上的所有安全或危险提示，保持可辨认状态；

⑩ 异常噪声出现可能意味着有故障，操作人员应该了解正常的工作噪声，注意变动情况；

⑪ 采取适当的方法防止松动的工件裁片或工件残余引发的故障（完整切削裁片，已编程的停止，移去裁片）；

⑫ 禁止伸入、探入进给区域，禁止在飞溅碎屑可及的范围内停留，与运动的工件保持足够的距离，与生产设备可运动的部件保持足够的距离；

⑬ 当出现功能性故障时，应按紧急停止按键，等待所有正在运动的部件停止，确保生产设备不会被重新启动，排除故障，检查生产设备有无损坏。

（4）数控裁板机操作方法

① 打开电源，让设备处于通电状态。

② 旋转设备配电箱侧方的按钮，打开设备电源，点击面板上的"开启"按钮，启动计算机系统（图 3-8、图 3-9）。

图 3-8　打开设备总电源

图 3-9　启动计算机系统

③ 开机后打开系统内设的两个软件：贴标软件以及裁板机软件（图 3-10、图 3-11）。

④ 对于裁板机软件，先打开原点模式，再让系统回到初始状态（图 3-12）。

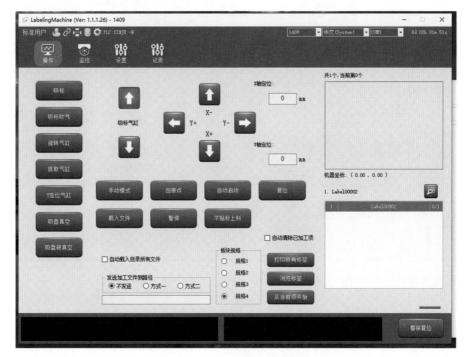

图 3-10　贴标软件开启页面

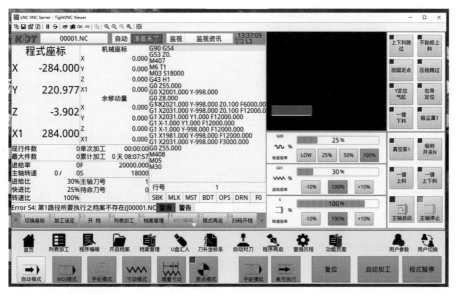

图 3-11　裁板机软件开启页面

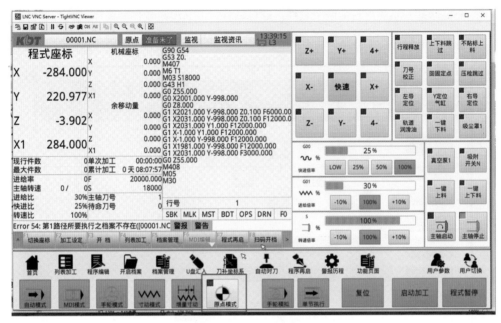

图 3-12　打开原点模式

⑤ 点击系统显示的 Z 轴,让其回到原点位置(图 3-13)。

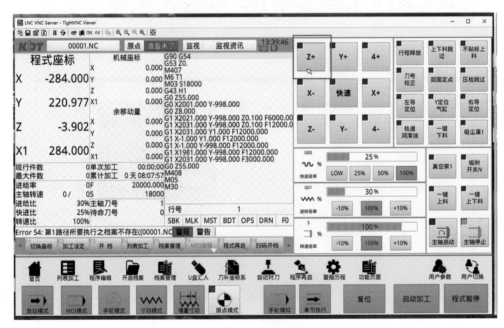

图 3-13　点击 Z 轴调整至原点位置

⑥ 点击系统显示的 X 轴、Y 轴,让其回到原点位置(图 3-14)。

⑦ 点击系统显示的自动模式(图 3-15)。

⑧ 点击加工列表,选择需要加工的文件(图 3-16、图 3-17)。

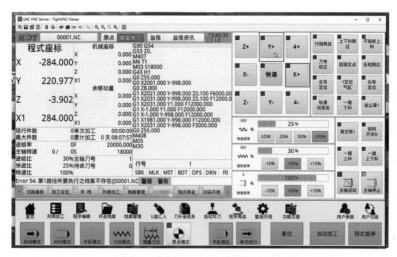

图 3-14 点击 X、Y 轴调整至原点位置

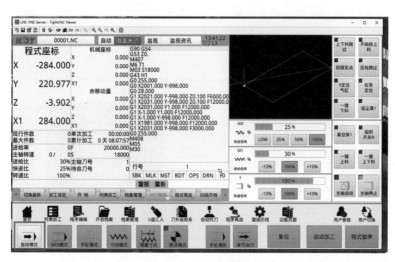

图 3-15 点击自动模式

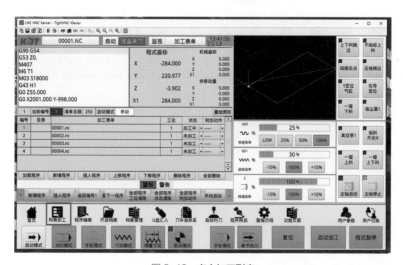

图 3-16 点击加工列表

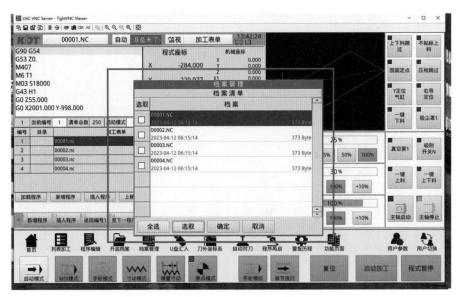

图 3-17　选择需要加工的文件

⑨ 点击启动加工，等待设备运行（图 3-18）。

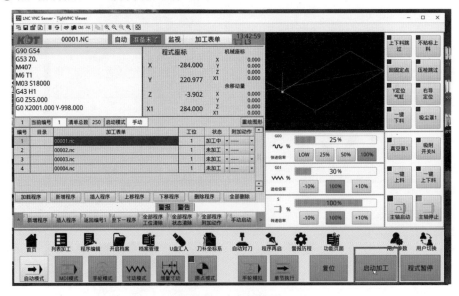

图 3-18　点击启动加工

⑩ 加工完毕后关闭软件，关闭计算机。

⑪ 点击面板上的关闭按钮，旋转电箱侧方的按钮到关闭状态。

⑫ 关闭总电源。

⑬ 打扫卫生。

（三）板式家具配料检验

板式家具配料检验目的是确保开料工件符合质量要求，防止不良品流入下一道工序。

1. 裁板尺寸检验

裁板尺寸检验的原因：板材的尺寸是板件质量好坏的前提，后续进行加工乃至最后的安装环节，都与其尺寸的精准度息息相关，因此必须进行板件尺寸的检验。

尺寸检验的方法如下。

（1）板件长宽尺寸的检验

利用卷尺，分别在板件两端测量长度方向尺寸，并与开料清单的长度数值进行比对，再分别在板件两端测量宽度方向尺寸，并与开料清单的宽度数值进行比对。如果尺寸无误，就可进行后续操作。

（2）板件是否归方的检验

板件归方检验的原因：有时候操作人员的不当操作（未靠紧靠尺等）会导致其形状为非矩形；或者设备长时间使用下，其靠尺的角度有可能会发生改变，加工后的板件长宽和开料尺寸相符合，但其四个角不为90°，形状便成为平行四边形。这个时候在四个角度差不大的情况下，无法用肉眼识别，所以必须进行检验。

归方检验的方法：利用直尺测量板件的两个对角线长度，如果相等或者相差极小（±0.5mm以下），则认为此板件归方；如果不相等，则认为此板件为不归方，需要查找到问题发生的原因，解决后再进行下料的操作（图3-19、图3-20）。

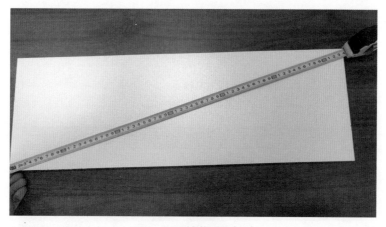

图3-19　对角线测量（一）

2. 裁板质量检验

板式家具的裁板质量也是检验内容之一。如果裁切后的板材出现破损，就会影响最终产品的外观和性能，所以必须在配料环节进行筛选，以免流入后续加工过程。

质量检验方法：主要采用目测法。观察切割后板件的8个面是否存在凹陷、上下覆面的纸张是否脱落、四周的边缘是否存在锯齿形状的纹路等（图3-21～图3-23）。

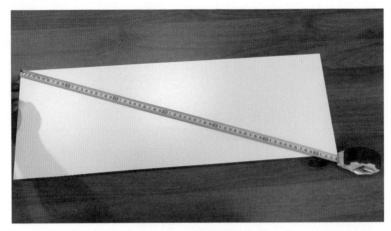

图 3-20　对角线测量（二）

图 3-21　边缘损坏

图 3-22　上表面损坏

图 3-23　边缘有锯齿形纹路

检验后，要及时反馈，找到发生问题的原因，如因碰撞等损坏，需要提醒各个环节的人员注意操作手法；如果因为设备的问题，则需要进行调节或者维修。

（四）电子开料锯的调节

如果边缘有锯齿形纹路，表明是锯片出现了问题，这个时候要对其进行调节或者更换。纹路的出现对应着不同的锯片问题。电子开料锯的锯片为一大一小，切割的时候是小锯片（槽锯）先在底部划出痕迹，保证下方的边缘切割平整，再由大锯片将板材完全切割开来，保证上方的平整，因此，观察板材切割后锯齿纹路出现的位置，可以得知是哪个锯片出现了问题。

1. 上方出现锯齿纹路

表明大锯片（主锯）出现磨损，因此需要更换新的或者磨刃完好的大锯片。

2. 下方出现锯齿纹路

表明小锯片（槽锯）出现问题，应先关闭电源，打开位于设备前方的机箱盖，利用工具调节槽锯的角度，再开机进行试锯（利用废料或者余料进行切割），观察是否得到改善。如果有改善，则一直调节，直至下方切割平整；如无改善，说明其出现了磨损，需要更换新的或者磨刃完好的锯片。

（五）板式家具特殊部件制备

1. 贴面板制备工艺及设备

贴面板全称装饰单板贴面胶合板，又称花式板、二次加工板。高档装饰单板贴面胶合板以三夹板为基板，以木切片、美化木切片和天然珍贵木材切片为贴面材料，采用先进的胶合工艺，经预压、热压、砂光处理完成，其品种依面层切片的树种而命名。也可根据客户要求按订单进行特殊规格生产，其表面色彩鲜艳，品种繁多，深受建筑装饰业和家具制造业的喜爱。

贴面板加工流程如图 3-24 所示。

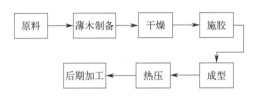

图 3-24　贴面板加工流程

（1）薄木制备

利用有特殊纹理（树瘤、芽眼、节多树种等）的天然或者人造木质材料刨切制成薄木。薄木主要用作装饰材料，胶贴在基材上，提高装饰效果，满足人们的需要。

使用设备主要为纵向切片机（图 3-25）。

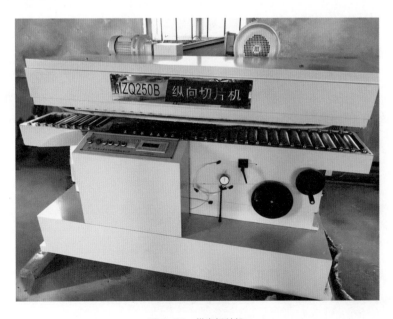

图 3-25　纵向切片机

（2）干燥

在人造板的生产过程中，从胶合板旋切用的原木到用于中密度纤维板和刨花板制备的纤维、刨花的原料，对初始含水率都有基本要求，通常为 50% 以上，目的是保证加工单元的质量和延长切削刀具寿命。但是，在胶合板、中密度纤维板和刨花板的后续生产工序中，都要求将加工单元的含水率控制在一个比较低的范围内。毫无疑问，为了满足工艺上的基本要求，保证产品质量符合标准，在人造板生产中，干燥工序非常重要。在传统的胶合板、中密度纤维板和刨花板生产工艺流程中，加工单元的干燥一般必不可少，但是，在无机胶黏剂人造板（如石膏刨花板和水泥刨花板）生产过程中，由于工艺的特殊性，通常可以省略干燥工序。

使用设备：干燥机（图 3-26）。

图 3-26　干燥机

（3）施胶

在人造板生产过程中，将胶黏剂和其他添加剂（如防水剂、固化剂、缓冲剂、填充剂等）施加到构成人造板的基本单元上，称为施胶。这是生产人造板的关键工序，对制品的质量和成本影响很大。施胶方法很多，随板种、板性、胶种以及不同的工艺安排而采用不同的施胶方法。

使用设备：拌胶机。

（4）成型

成型是人造板生产中十分重要的一个环节，它直接关系到制品的物理力学性能和外观质量。

使用设备：铺装机（图 3-27）。

（5）热压

人造板的热压是指带胶黏剂的板坯在一定的温度、压力、时间内，完成制板的过程。

这一过程基本上是决定人造板产品内在性能的最后工段，是复杂的物理化学过程。正确的热压工艺和合理的设备选型保证了产品的质量和数量。

图 3-27 铺装机

表面上看，热压压力、执压时间和热压温度是热压工艺的三要素。实际上，热压过程是板坯状况（含水率、胶黏剂、木材原料等）与热压要素综合作用的结果。

使用设备：热压机（图 3-28）。

图 3-28 热压机

（6）后期加工

当冷却过后，经过裁边、砂光等步骤，即可得到最终成品。

2. 胶合弯曲部件制备工艺及设备

（1）胶合弯曲的概念

薄板胶合弯曲是指将一叠涂过胶的薄板按要求配成一定厚度的板坯，然后放在特别的模具中加压弯曲、胶合和定型制得曲线形零部件的一系列加工过程。

由于对实木弯曲性能要求高，因而平时选料困难，弯曲过程中易产生废品，因此已逐渐转向薄板层压胶合弯曲成型工艺。该工艺具有以下特点：可以胶合弯曲成曲率半径小、形状复杂的零部件，弯曲造型多样，线条流畅，简洁明快，具有独特的艺术美；节约木材，与实木弯曲工艺相比，可提高木材利用率30％左右，凡是胶合板用材均可用于制造胶合弯曲构件；省工且具有足够的强度。

薄板胶合弯曲零部件的主要用途如下。

① 家具构件：椅凳、沙发和桌子的支架，衣柜的弯曲门板、旁板和半圆形顶板等。

② 建筑构件：圆弧形门框、窗框和门扇等。

③ 文体用品：钢琴盖板、吉他旁板、网球拍、滑雪板和弹跳板等。

④ 工业配件：电视机壳和音箱等。

薄板胶合弯曲件的生产工艺可以分为薄板准备、涂胶与配坯、加压成型、部件的陈放和部件的加工等工序。

（2）薄板的种类及选择

薄板的种类有单板、竹单板、胶合板和硬质纤维板等。

目前国内制造单板的树种主要有水曲柳、桦木、柳桉、椴木、柞木、马尾松和杨木等；欧洲多数用山毛榉、橡木和桦木等。

用胶合板可以胶合弯曲成餐桌（圆桌）的圆形、椭圆形牙板和半圆形门框等。硬质纤维板也可像胶合板那样使用，但弯曲前需将纤维板用蒸汽处理一下，使其软化，再涂胶进行胶合弯曲。

胶合弯曲件薄板品种或单板树种的选择应根据制品的使用场合、尺寸、形状等来确定。如家具中的悬臂椅要求强度高、弹性好，可以选用桦木、水曲柳和楸木等树种的单板。对建筑构件来说，其尺寸和零部件厚度一般均较大，故可以用松木、柳桉等树种。

（3）胶合弯曲的制造过程

胶合弯曲的制造过程分别为：薄板制作、干燥、涂胶、板坯陈化、胶压弯曲、部件陈放、部件加工。

三、设备操作

本次任务的操作由以下几步完成：首先确定裁板的方式，然后根据工艺要求确定使用的设备，最后详述设备的安全规程、操作方法以及配料检验内容和方法。

（一）裁板方式

本次加工任务是由工艺部进行软件拆单后进行裁板操作，因此工艺部已经将此家具的裁板图制作出来，并输入到电子开料锯的计算机端，所以本次任务的实施使用综合裁板方式。

（二）工艺要求

本次任务还需后续的加工，如封边、钻孔等，所以应保证裁切后的尺寸精度较高，切割面较为平整，且工厂还有很多订单在等待进行，所以加工的时间要尽量缩短。

（三）使用设备

根据本次加工的工艺要求和工厂现有设备，确定本次加工使用电子开料锯来进行，保证加工的精度和效率。

（四）操作方法（自动下料）

① 接通设备总电源，让设备处于通电状态。
② 旋转位于设备侧方的旋钮，启动设备（图 3-29）。

图 3-29　打开设备总电源

③ 等待设备启动的过程中，可以先观察位于设备侧方的气压指示器，看看是否位于工作气压范围内，即数值大于 6bar（1bar=10^5Pa，下同）即可（图 3-30）。
④ 确保屏幕旁的旋钮位于"自动"处（图 3-31）。

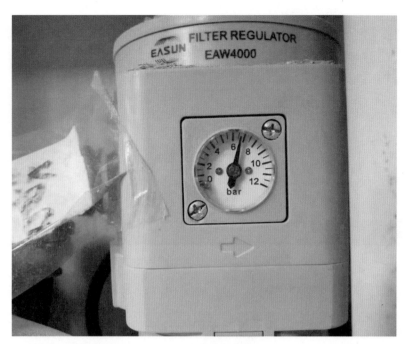

图 3-30　观察工作气压

图 3-31　确保旋钮位于"自动"处

⑤ 计算机端裁板软件自动启动，屏幕上出现日常维护说明，可以先将其关闭（图 3-32）。

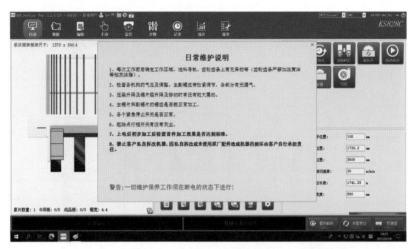

图 3-32　出现维护说明后将其关闭

⑥ 打开软件下端的文件夹，找到提前输入的裁板图文件并双击（图 3-33、图 3-34）。

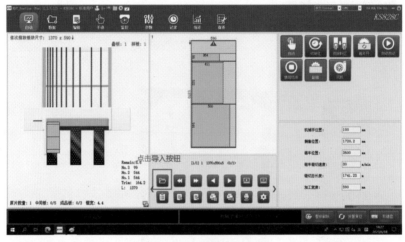

图 3-33　点击导入按钮

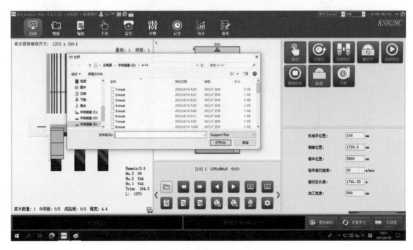

图 3-34　选择提前输入的裁板图文件

⑦ 先后点击屏幕右上角"锯片开"和"初始化"按钮并等待设备初始化，过程约 5s（图 3-35）。

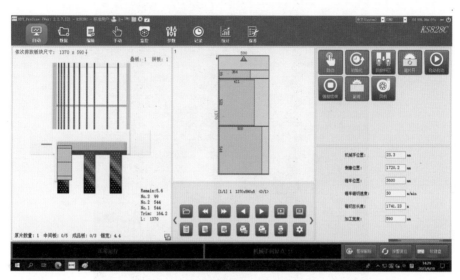

图 3-35　点击"锯片开"和"初始化"

⑧ 点击位于右上角的"回放料区"，等待设备反应，过程约 5s。结束后，"启动"按钮的指示灯会闪烁，表示此时可以进行操作（图 3-36、图 3-37）。

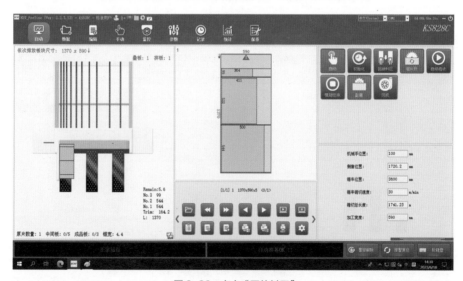

图 3-36　点击"回放料区"

⑨ 由于本次操作使用的板材尺寸较大，所以可以打开位于右上角的"风机"按钮，其自带的风机可以激活气动悬浮台，减少摩擦力，使得在操作过程中更加方便（图 3-38）。

⑩ 按照屏幕上的指示，将板材放在工作台上，让板材的边缘靠紧电子开料锯压梁下的靠尺（图 3-39）。

图 3-37 "启动"按钮闪烁

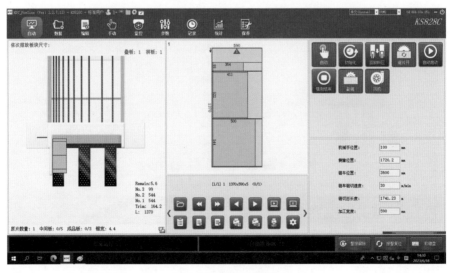

图 3-38 点击"风机"

⑪ 手持续发力靠紧靠尺，按一下闪烁的"启动"按钮，设备自动操作，待到压具夹住板材表面后，手可以离开板材，之后操作均如此（图 3-40）。

图 3-39　板材靠紧压梁下的靠尺

图 3-40　按一下"启动按钮"

⑫ 等待设备暂停后，观察屏幕上的指示，将切割后的板材旋转 90°，将刚切割过的一面靠紧操作屏幕下方的靠尺，靠紧后再靠紧内部靠尺，让板材贴合双面靠尺，没有缝隙。继续按一下闪烁的"启动"按钮，设备自动操作（图 3-41、图 3-42）。

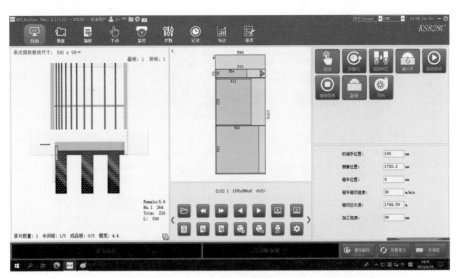

图 3-41　观察屏幕指示

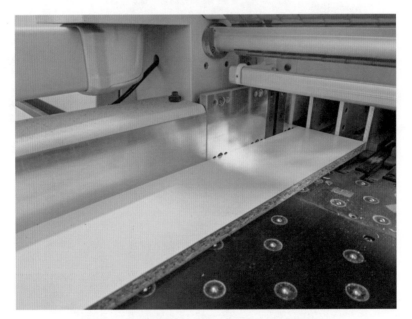

图 3-42　板材靠紧另一侧靠尺后再靠紧压梁下的靠尺

⑬ 将切割剩余的废料扔进废料区，余下的大料放在指定地点。

⑭ 当屏幕提示板件为最终成品后，进行首件检验。如无问题，将板件搬到指定地点，按照要求摆放（图 3-43）。

⑮ 当前裁板图全部切割后，系统软件会自动切换下一个裁板图，无须手动操作。

⑯ 当所有板件切割完成后，关闭风机。

⑰ 关闭锯片。

⑱ 关闭计算机系统。

⑲ 关闭系统电源及总电源。

⑳ 进行清洁和打扫工作。

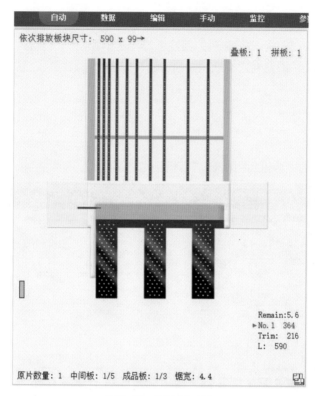

图 3-43 提示已为成品

四、案例分析——板式电脑桌配料

某公司生产车间，因搬运不当，造成一套板式电脑桌的部分板件损坏。开料工段接到的任务工作单：配料出需要补的部件，利用之前剩下的厚度为 18mm 的余料板材（三聚氰胺双饰面刨花板），加工成品板材。

（一）补料分析

首先查看补料单，已知需要补料的尺寸为 720mm×400mm、400mm×200mm、300mm×200mm、800mm×100mm 各一块。

（二）补料板材确定

根据目前工厂内剩余的余料进行粗略估计。观察目前剩余的余料，有若干块可供加工：750mm×700mm 一块，1200mm×100mm 一块。其中，第一张板材可以补出前三个尺寸的板件，第二张板材可以补出第四个尺寸的板件。

（三）补料的方法确定

根据不同的情况选择不同的补料方式。前三块板件是用一张板材进行补料的，因此可以采用手工排版的方式进行自动开料；第四个尺寸是单独在一个板材上进行补料，且其中一个方向的尺寸相同，因此利用手动切割的方式最简单方便。

（四）补料的操作方法

1. 手工排版、自动开料

① 点击屏幕上的"编辑"，进入编辑页面（图 3-44）。

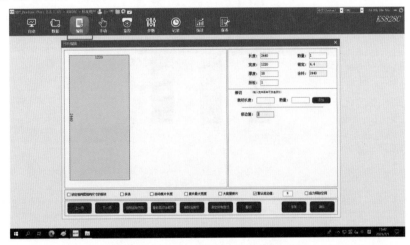

图 3-44　点击"编辑"进入编辑页面

② 输入余料的尺寸，为 750mm 和 700mm，板材也会随之变化（图 3-45）。

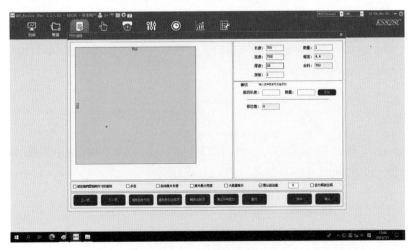

图 3-45　输入余料尺寸

③ 输入较大板材的宽度方向尺寸 400mm 以及数量 1 个（图 3-46）。

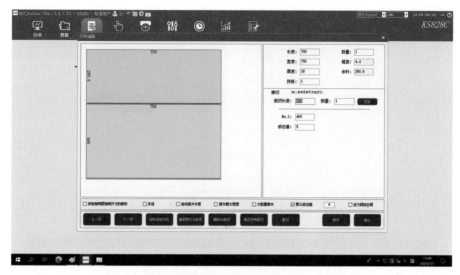

图 3-46 输入较大部件的宽度方向尺寸 400mm 及数量 1 个

④ 由于系统默认选择这张板材的余料，所以在确定长度方向前要用鼠标点击刚切出来的部分，选择后这部分变为绿色，表示已被选择（图 3-47）。

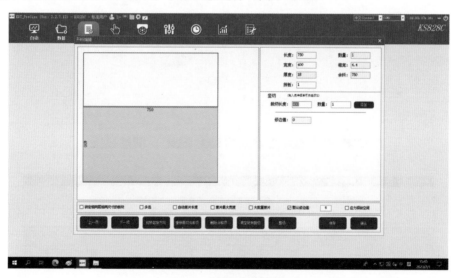

图 3-47 选择刚切割的部分

⑤ 输入长度方向尺寸 720mm 以及数量 1 个，确定第一块部件（图 3-48）。

⑥ 用鼠标点击剩余部分，使得颜色变为绿色，然后输入第二个部件的宽度方向尺寸 200mm，数量为 1 个（图 3-49）。

⑦ 选择刚切出来的部分，输入第二个部件的长度方向尺寸 400mm，数量为 1 个，得到第二个部件（图 3-50）。

⑧ 由于第三个部件的宽度尺寸和第二个部件相同，所以选择剩余的部分，输入第三个部件的长度方向尺寸 300mm，确定第三个部件（图 3-51）。

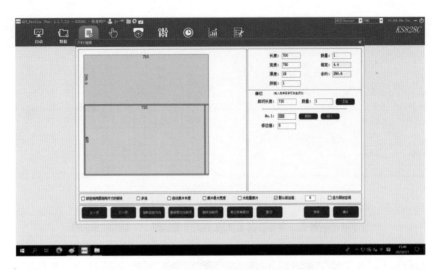

图 3-48　输入长度方向尺寸 720mm 以及数量 1 个

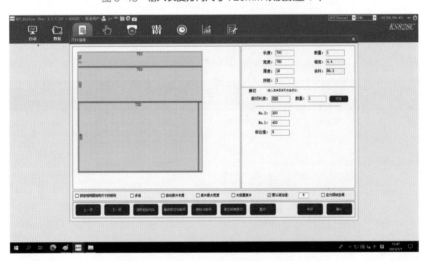

图 3-49　输入第二个部件的宽度方向尺寸

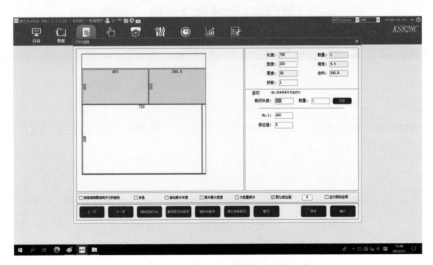

图 3-50　输入第二个部件的长度方向尺寸

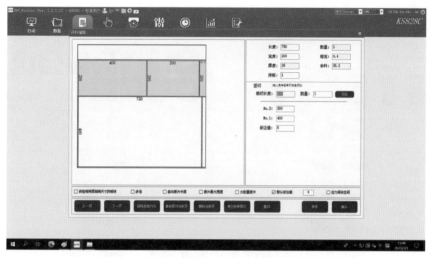

图 3-51 输入第三个部件的长度方向尺寸

⑨ 接下来就可以按照自动下料的模式进行补料了，详情参照电子开料锯的操作方法（自动），最终得到所需要补料的前三个部件。

2. 手动切割

由于第四个部件的尺寸在宽度方向上与余料尺寸相同，所以最后需要补料的部件可以利用手动切割的形式来补料。

① 将操作面板上的旋钮旋到手动模式（图 3-52）。

图 3-52 旋钮旋到手动模式

②用鼠标点击屏幕上的"手动"，切换到"手动"页面（图3-53）。

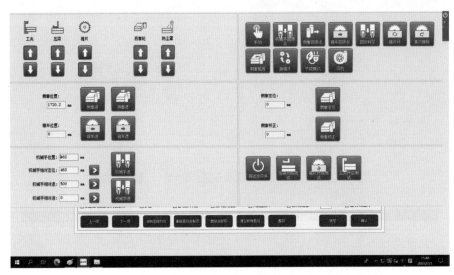

图3-53 "手动"页面

③依次点击页面中"机械手回原点""侧靠回原点""锯车回原地""回放料区"以及"锯片开"（图3-54）。

图3-54 打开各项功能

④点击页面中"机械手绝对定位"位置，弹出数字输入器（图3-55）。

⑤输入想要切割的尺寸800mm，点击"确定"后，点击机械手绝对定位后方的箭头，等待设备运动至指定位置（图3-56、图3-57）。

⑥将余料的长度方向靠紧操作板下方靠尺，然后余料的平整一面靠紧压梁下方靠尺，点击单次锯板，并等待设备操作（图3-58～图3-60）。

图 3-55　点击"机械手绝对定位"位置

图 3-56　输入尺寸

图 3-57　确定尺寸后点击箭头

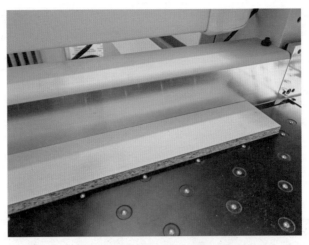

图 3-58 余料的长度方向靠紧操作板下方靠尺（一）

图 3-59 余料的长度方向靠紧操作板下方靠尺（二）

图 3-60 点击"单次锯板"

—— 同步练习 ——

已知工艺部将板件清单制作出来，如图 3-61 所示，请根据所学知识进行开料操作。

工厂生产表

经销商号				订单号				
客户名:				下单日期: 2021-11-06				
订货名称: 桌子				拆单员:				
备注:								

桌子 | 1500×750×600

序号	板件ID	板件名称	宽	长	厚	数量	面积	备注
1	00594566	面板	297	208	18	2	0.124	槽6-距30.5-宽6-深6-长248-Y24.5内槽|C
2	00594571	面板	297	208	18	2	0.124	槽6-距30.5-宽6-深6-长248-Y24.5内槽|C
3	00594576	面板	297	208	18	2	0.124	槽6-距30.5-宽6-深6-长248-Y24.5内槽|C
4	00594581	面板	297	208	18	2	0.124	槽6-距30.5-宽6-深6-长248-Y24.5内槽|C
5	00594564	抽帮	140	238	18	2	0.067	槽6-距20.5-宽6-深6-长238-X0通槽|C
6	00594569	抽帮	140	238	18	2	0.067	槽6-距20.5-宽6-深6-长238-X0通槽|C
7	00594574	抽帮	140	238	18	2	0.067	槽6-距20.5-宽6-深6-长238-X0通槽|C
8	00594579	抽帮	140	238	18	2	0.067	槽6-距20.5-宽6-深6-长238-X0通槽|C
9	00594568	脚线	81	300	18	2	0.049	
10	00594569	脚线	81	300	18	2	0.049	
11	00594560	脚线	81	300	18	2	0.049	
12	00594565	脚线	81	300	18	2	0.049	
13	00594551	底板	575	300	18	2	0.345	槽6-距20.5-宽6-深6-长300-X0通槽|C
14	00594555	底板	575	300	18	2	0.345	槽6-距20.5-宽6-深6-长300-X0通槽|C
15	00594557	厚门	816	300	18	2	0.491	
16	00594582	右开门	297	419	18	2	0.249	
17	00594562	抽帮	140	450	18	2	0.126	槽6-距20.5-宽6-深6-长437-X0内槽|C
18	00594563	抽帮	140	450	18	2	0.126	槽6-距20.5-宽6-深6-长437-X0内槽|C
19	00594567	抽帮	140	450	18	2	0.126	槽6-距20.5-宽6-深6-长437-X0内槽|C
20	00594568	抽帮	140	450	18	2	0.126	槽6-距20.5-宽6-深6-长437-X0内槽|C
21	00594572	抽帮	140	450	18	2	0.126	槽6-距20.5-宽6-深6-长437-X0内槽|C
22	00594573	抽帮	140	450	18	2	0.126	槽6-距20.5-宽6-深6-长437-X0内槽|C
23	00594577	抽帮	140	450	18	2	0.126	槽6-距20.5-宽6-深6-长437-X0内槽|C

第1页 / 共2页　　日期: 2023-06-01

工厂生产表

经销商号				订单号				
客户名:				下单日期: 2021-11-06				
订货名称: 桌子				拆单员:				
备注:								

序号	板件ID	板件名称	宽	长	厚	数量	面积	备注
24	00594578	抽帮	140	450	18	2	0.126	槽6-距20.5-宽6-深6-长437-X0内槽|C
25	00594550	右侧	575	732	18	2	0.842	槽6-距20.5-宽6-深6-长638-X0内槽|C
26	00594554	右侧	575	732	18	2	0.842	槽6-距20.5-宽6-深6-长638-X0内槽|C
27	00594549	左侧	575	732	18	2	0.842	槽6-距20.5-宽6-深6-长638-X0内槽|C
28	00594553	左侧	575	732	18	2	0.842	槽6-距20.5-宽6-深6-长638-X0内槽|C
29	00594548	背板	600	1500	18	1.8		(槽6-距25.5-宽6-深6-长310-X11 72内槽+槽6-距25.5-宽6-深6-长310-X18内槽)|C
30	00594565	抽薄底	442	248	5	2	0.219	
31	00594570	抽薄底	442	248	5	2	0.219	
32	00594575	抽薄底	442	248	5	2	0.219	
33	00594580	抽薄底	442	248	5	2	0.219	
34	00594552	薄背	310	643	5	2	0.399	
35	00594556	薄背	310	643	5	2	0.399	

柜体总计		70		10.234

面积统计

块数: 12块	1.674
块数: 4块	0.247
块数: 64块	8.313

面积汇总(含所有)

总面积	块数: 70块	10.234

封边

0.8F	66.31m
1.5F	22.08m

五金

450三节轨	16	套
木销	32	套
金盖铰创	4	套
三合一	152	套

第2页 / 共2页　　日期: 2023-06-01

图 3-61　同步练习料单文件

（扫底封二维码查看高清图）

拓展阅读

121 大板套裁新方案

开料是板式家具生产过程中的第一个环节，对于板式家具的外观、品质和性能有着十分重要的影响。开料效率的提高有利于实现高效生产，增强家具生产企业的核心竞争力。随着科技的进步和行业需求的变化，开料设备和工艺不断向数控化、自动化、信息化的方向发展。

为了满足大规模生产和定制生产的需求，数控开料技术发展至今仍然不断精进与创新。目前市场上有一种叫作"121 大板套裁"的开料方案，在加工效率、开料质量、智能省力、生产安全等方面有一些新的探索，可谓颇具想象力和创造力。

（1）121 大板套裁新方案

所谓的"121 大板套裁生产线"，主要由 1 台贴标机、2 台开料机和 1 台机械手组成，包括板材供料系统、板面加工系统、板材输送系统、板材加工系统、成品自动化分拣系统以及废料处理系统。

该开料方案的加工过程如下：在中央控制系统的控制下，待加工板材由板材供料系统送入贴标输送台。打标结束后，板材将被送至横向输送台，然后由中央控制系统控制其输送方向，自动传送至对应加工中心的待料区，由开料机抓取至台面后自动定位，之后开料加工。

板材加工完成后，再通过机械手完成板材的分类收集，机械手可实现自动码垛，也可单片流连入无人生产线，从而完成整体的工业4.0布局。

（2）121大板套裁的精进与创新

对于这种新的开料方案的构成框架和运行方式有了基本认识，事实上还有很多细节上的打磨和功能上的改进值得进一步探讨。正是这些可贵的实践与摸索，带来了开料工艺的精进与创新。

121大板套裁方案是富有想象力和创造力的，创新地在安全性、效率、信息化等方面进行探索，从而更好地与现代生产体系相匹配，将高效与智能、硬件与软件有机结合。随着科技的不断发展和市场需求的变化，开料技术的不断改进是为家具制造企业赢得先机的关键。未来的开料工序仍要以用户需求为中心，以提高效率为导向，以深度智能化为目标，不断推动产品质量和工作效率的提升。

任务二

板式家具边部处理

—— 任务布置 ——

某公司生产车间欲进行板式家具的产品生产，封边工段接到的任务工作单：对开料工段运输过来的部件进行封边操作。

—— 学习目标 ——

1. 知识目标

① 了解板式家具的封边方式。

② 了解封边的工艺要求。

③ 了解封边设备的操作方法和安全规程。

④ 了解封边检验方法。

2. 能力目标

能够合理运用各种设备进行板式家具的封边工作。

3. 素质目标

① 养成独立思考的习惯。

② 培养科学严谨、精益求精的工匠精神。

③ 培养从事定制家具设计工作的创新精神。

④ 养成独立分析、独立判断的学习习惯。

一、几种常见的边部处理工艺

（一）封边法

封边法（图 3-62）是现代板式家具零部件边部处理的一种常用方法，是用薄木（单板）条、木条、三聚氰胺塑料封边条、PVC 条、ABS 条和预浸油漆纸封边条等封边材料与胶黏剂胶合在零部件边部的一种处理方法。

基材主要是刨花板、中密度纤维板、双包镶板和细木工板等。若想获得高质量的封边强度和效果，就要考虑基材的边部质量，基材的厚度公差，胶黏剂的种类和质量，封边材料的种类和质量，室内温度，机器温度，进料速度，封边压力，齐端、修边等因素的影响。

图 3-62　封边法

（二）软成型工艺

软成型工艺（图 3-63）是指用各种条状软质封边材料对具有曲缘形状侧边（或异型边）的板件进行封边处理的加工过程。软成型封边也被称为异型封边，主要用于加工成型边或者异型边的板件。比如：J 形、L 形、45°斜直边、鸭嘴形等多种常规的免拉手封边，均可以用软成型的封边机实现。软成型封边机的出现满足了家具成型边多样化的需求。

图 3-63　软成型工艺

（三）镶边工艺

镶边法是在板式家具零部件的边部镶嵌木条、塑料条或有色金属条等材料的一种边部处理方法，它属于一种传统的边部处理方法。镶边条的类型较多，而且与板式零部件的连接形式也各不相同。木条镶边方式很多，但通常是将木条制成榫簧，在板式零部件上加工成榫槽，通过胶黏剂的胶接作用将木条镶嵌在板式零部件上。有色金属条和塑料条的镶边是将镶边条制成断面呈"T"字的倒刺形，而在板式零部件的侧边开出细细的榫簧，采用橡胶锤将镶边条打入板式零部件的边部（图3-64）。

图3-64　金属条镶边

（四）V形槽折叠工艺

以贴面人造板为基材，在其内侧开出一个或若干个V形槽口，经槽口涂胶和折叠胶压而制成弯曲或折曲形状零部件的加工过程。

其加工工艺为：贴面、开V形槽、涂胶、折叠加压成型，如图3-65所示。

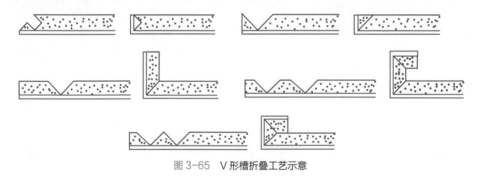

图3-65　V形槽折叠工艺示意

（五）涂饰工艺

在板件侧边用涂料涂饰、封闭。常用的方式有烤漆涂饰、PU漆涂饰、PE漆涂饰、UV漆涂饰。

二、板式家具边部处理设备操作

（一）全自动直线封边机操作方法及安全规程

1.全自动直线封边机简述

全自动直线封边机（图3-66）主要用于板式家具的板材封边，其特点是自动化、高效率、高精度和美观度，已经在国内的板式家具生产企业中得到广泛的应用。

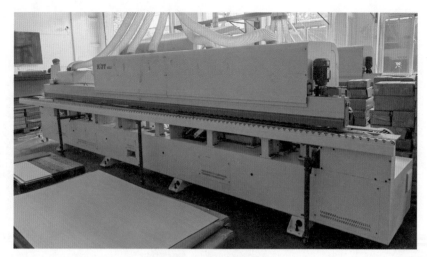

图 3-66 全自动直线封边机

直线封边机工作时，需要两名员工进行操作，一人负责进料，另一人负责接料，可以采用封边机回转线减少一名操作人员，达到降低人工成本的目的（图3-67）。

部分大型企业采用两台或四台封边机进行连线生产，自动扫码，自动进料，自动选择封板条等方式，实现智能生产。

图 3-67 附带回转线的直线封边机

2. 全自动直线封边机工作原理

全自动直线封边机是利用封边胶高温熔化，降温时产生的黏性，将封边条附着在板材的边缘，然后通过修边、倒角等工艺得到需要的边部状态。

3. 直线封边机操作方法

① 接通设备电源。
② 打开位于设备下方的电源（图3-68）。
③ 旋转位于操作面板上的开关，将操作屏幕打开（图3-69）。

图 3-68　打开设备电源　　　　　　　　　　　　　图 3-69　打开操作屏幕

④ 等待进入系统后，点击封边机自带软件（图 3-70、图 3-71）。

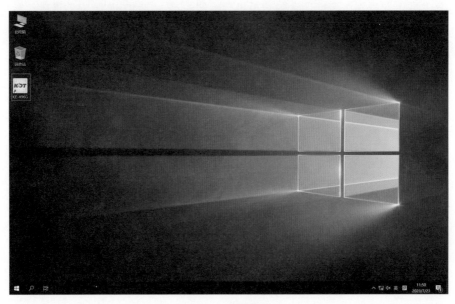

图 3-70　开机页面

⑤ 先选择要使用的涂胶系统，点击开关，让设备胶盒加热（图 3-72）。

⑥ 在等待加热的过程中，可以观察位于设备后方的封边条机构，检查其放置的封边条是否为本次使用的封边条，注意其颜色和厚度要与工艺要求一致（图 3-73）。

⑦ 如果不一致，则需要更换。逆时针选择夹紧装置，使得封边条部分上升（图 3-74）。

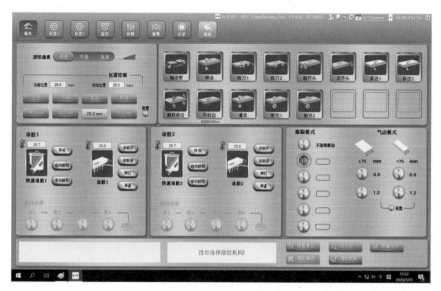

图 3-71　软件页面

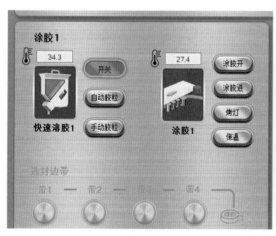

图 3-72　打开涂胶开关

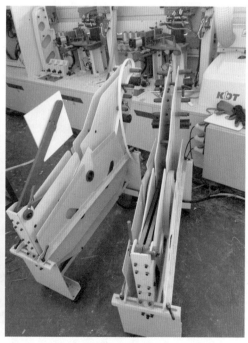

图 3-73　检查封边条

⑧ 取下后，放置所需的封边条，让其最外侧的封边条按照顺序依次穿过机构的各个部分，封边条的外侧朝上，注意宽度限定可根据封边条的宽度来调节（图 3-75、图 3-76）。

⑨ 将封边条外侧朝向自己后送至封边条的进入口（图 3-77）。

图 3-74　打开固定封边条装置

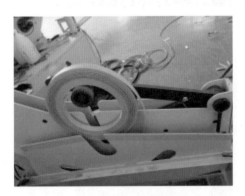

图 3-75　放置新封边条

图 3-76　注意封边条的位置

图 3-77　将封边条送入指定位置

⑩ 观察压梁高度，是否和所需要封边的板材厚度一致。如不同，则需要点击相应的厚度选项（图3-78、图3-79）。

图 3-78　观察压梁高度

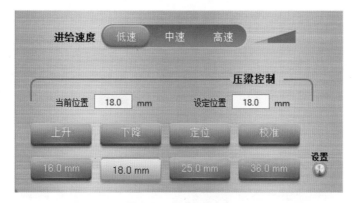

图 3-79　调节压梁高度

⑪ 观察铣刀的数值是否符合工艺要求（图3-80）。计算或者确定铣刀的数值，需要和上一工艺流程相配合，即开料。通过工艺可知，开料锯可以将板材切割成任意尺寸，而通过封边的工艺后，由于经过一系列的步骤（铣刀、涂胶、封边）会改变其各个方向的尺寸，所以需要提前进行核算。

所有部件都需要四面封边，而其长度方向的尺寸改变需要对其两侧都进行封边操作，所以计算的时候需要考虑两次的影响。假设图纸当中某一部件的尺寸为长A，在制定开料步骤的时候，为了方便，假设其尺寸和图纸的尺寸

图 3-80　观察铣刀数值

相同，也为 A；铣刀的作用是减少封边尺寸，而涂胶和封边条的尺寸是增加封边尺寸，那么根据最终图纸的尺寸可以得到如下的等式。

$$A=A_1-2\times 铣刀数值+2\times 涂胶厚度+2\times 封边条厚度$$

式中　A——成活尺寸；

A_1——开料尺寸。

也就意味着 2 倍的铣刀数值 =2 倍涂胶厚度 +2 倍的封边条厚度。如果设备的涂胶厚度为 0.2mm，封边条厚度为 0.8mm，可以知道，设备的铣刀数值应该调整到 1mm。

⑫ 等到涂胶温度达到封边胶工作温度后，点击涂胶部分的"涂胶进"按钮（图 3-81）。

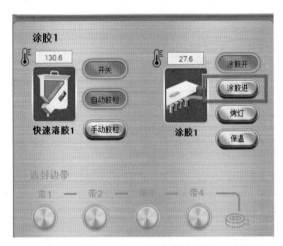

图 3-81　点击"涂胶进"按钮

⑬ 依次开启传送带、铣刀 1、铣刀 2、前齐头、后齐头、修边 1、抛光 1、抛光 2 等模块（图 3-82）。

图 3-82　开启对应模块

⑭ 气动模式选择 0.8（代表封边条厚度），如图 3-83 所示。

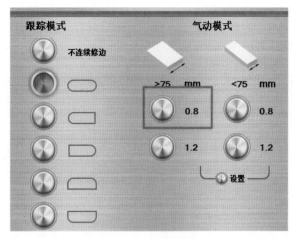

图 3-83　点击对应按钮

⑮ 观察所封边的板材，依照其纹理进行封边顺序的排列。如无特殊情况，一般是先封逆纹理方向的两侧，再封顺纹理方向的两侧（图 3-84）。

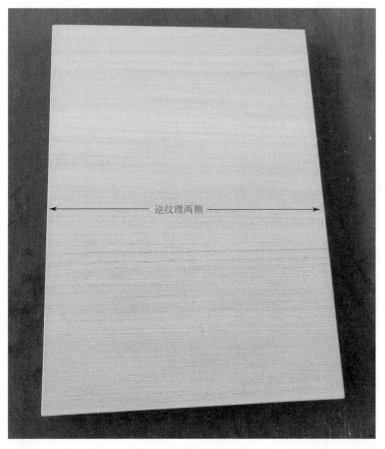

图 3-84　先封逆纹理两侧

　　在其摆放家具时，需要考虑封边条的美观性。一般来说，顺纹理的方向是能够看到的部分，逆纹理方向大多是看不到的部分。所以如果先封顺纹理方向，那么在观察家具时，就会看到板材的边缘，就有封边条的缝隙，虽然细小，但是依然影响美观。如果后封顺纹理，则能够保证面对使用者时，缝隙在两侧，提高了封边的美观性（图3-85）。

图 3-85　封边顺序示意

　　⑯ 将板材放置在工作台上，保证其边缘靠紧侧靠尺，然后向前缓慢推进，直至传送带压紧板件后自动向前送料（图3-86）。

图 3-86　注意封边的手法

⑰ 封完一边后，封其对应的一边，操作手法同上。

⑱ 顺纹理方向，根据工艺需求打开"跟踪修边"模式（图 3-87）。

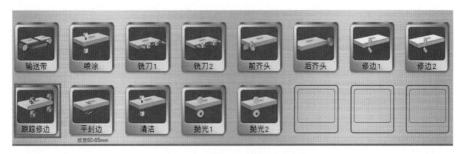

图 3-87 打开"跟踪修边"模式

"跟踪修边"模式的作用是修饰封边条，让其产生一定的弧度。在封边机的功能中，修边的作用是将封边条多余的部分（上下）切除，但是直接切除后，其切割面是平整的，由于封边条有一定厚度，所以其边缘为 90° 的直角。而跟踪修边的作用是将其精加工出一定的弧度，保证加工完成后，其视觉效果更好，同时触摸的时候更柔和，具有保护性的作用（图 3-88）。

⑲ 继续封剩余的两边，直至四边全部结束。

⑳ 注意，如果存在门板、桌面等四边都暴露在外的部件，其封边方式参照顺纹理方向进行封边操作。

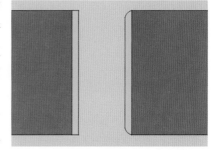

图 3-88 普通模式和跟踪修边模式对比

㉑ 操作结束后，按顺序停止软件的各个模块，关闭封边软件、操作系统、操作系统电源、设备电源、总电源。

㉒ 进行清洁和打扫工作。

4. 直线封边机安全操作规程

（1）作业准备

① 将机台及作业场所清理干净，检查吸尘系统是否正常。

② 检查胶锅内的胶水是否充足、干净，不足时应根据用量适当加胶。

③ 根据工件长度、宽度调节平衡杆位置。

④ 根据工件厚度调节好上压轴与下履带之间的距离，保证工件能压稳，又不会因太紧而压坏工件表面。

⑤ 调节胶门的大小，使封边料能够涂胶均匀、充分。

⑥ 通过试机，看封边机运转是否正常。

⑦ 准备好材料和辅料（垫板、纸皮等）。

（2）注意事项

① 操作员严禁穿宽松衣服、戴手套，长发必须盘起。

② 送料时，严禁将手放置于输送带下面。

③ 封边厚度尺寸范围为 12 ~ 60mm。

④ 机器出现异常情况时，应立即按"急停"开关，立即停机检查、维修。

（3）日常维护

① 一切维护工作都必须在停机、切断电源、涂胶箱冷却的情况下进行。

② 保持工作环境及机器周身部件清洁、干燥。

③ 在加热涂胶机构中，涂胶轴要求注入高温润滑油 1 ~ 2 次 / 周。

④ 传动带链条、链板润滑 1 次 /2 周。

⑤ 对机器上各个轴承座注入润滑油 1 次 /2 周。

⑥ 定期检查各刀具的磨损情况，对损坏的及时进行更换。

⑦ 定期检查抛光布轮的磨损情况，对损坏的布轮及时进行更换。

⑧ 维护的周期应根据机器的使用频率适当延长或缩短。

（二）曲线封边机操作方法及安全规程

1. 曲线封边机简述

曲线封边机（图 3-89），顾名思义，是可以将部分弧形、曲线形、不规则形等形态下的板材进行封边操作的设备。

图 3-89 曲线封边机

2. 曲线封边机工作原理

其原理和直线封边机几乎相同，但是由于曲线板材的特殊性，无法利用辅助设备完成板件靠紧和板件旋转，因此大多曲线封边机为半自动式，即靠紧全程利用操作者手部操作，封边的步骤为设备运行。

3. 曲线封边机操作方法

（1）安装封边条

根据板材封边要求将封边带穿插到送带辊处，具体操作步骤如下：

① 使封边带外侧通过导入轴承；

② 松开计数挤压辊可调手柄，将封边带插入计数辊与橡胶挤压辊之间，用力推动橡胶挤压辊将封边带夹紧，然后固定锁紧；

③ 按住夹带气缸释放阀按钮，将封边带插入送带辊处；

④ 松开封边带导向限位锁紧把手，通过调整封边带限位固定板和纵横向限位立柱的高低与角度，使封边带外侧接触到导入轴承，使封边带顶端接触到高度限位杆，然后将其固定锁紧；

⑤ 启动送带机构，查看封边带传送是否正常、稳定；

⑥ 启动封边带切断机构，查看封边带的剪切状况；

⑦ 以固定板顶面为基准面来调整托带盘，使其与固定板成一个水平面，确保封边带水平、顺畅地导入封边机体内。

（2）调整涂胶压带机构

① 调整"涂胶压带板弹性转臂锁紧手柄"，使封边带接触涂胶压带板和涂胶轴，然后锁紧固定。

② 调整"涂胶压带板弹性可调手柄"，使封边带在封边胀拉过程中始终与涂胶压带板和涂胶轴保持良好的弹性接触，确保封边带涂胶均匀。

③ 调整"封边带离刀片"的角度，使封边带导向封边辊。

④ 调整"封边带高度限位杆"，使封边带顶部与高度限位杆底部接触，防止封边带翘起偏离封边辊。

⑤ 调整"封边带高度限位调整螺母"，使封边带正好卡在"封边带底部托套"与"封边带高度限位调整螺母"之间，确保板材封边过程中均匀一致。

（3）调整板材自动送料封边机构

① 通过调整"送料滚轮高度可调手柄"使送料滚轮在自动封边过程中通过压板气缸作用牢靠压实板材，防止出现打滑现象。

② 通过调整"送料滚轮角度可调手柄"使板材在封边过程中自动贴靠封边带并与封边辊压实滚压。

（4）调整涂胶量

① 往左旋转胶门调节手柄，封边带涂胶量加厚；往右旋转胶门调节手柄，封边带涂胶量减薄。

②上下修边刀高度调整：根据板材高度调整上下修边刀的高度。

③封边带侧面修整调整：根据生产工艺要求调整封边带倒角半径。

（三）手持封边机

目前定制家具在安装过程种会有很多现场异型切割，为保障美观性，需要进行现场封边，所以手持式封边机是安装工常备的设备。手持封边机体型较小，使用方便，便于携带，不受空间的限制。在对弧线、异型等特殊部件进行封边时，可以利用手持封边机进行封边操作（图3-90）。

图 3-90　**手持封边机**

三、板式家具边部处理检验

板式家具在经过边部处理后，需要进行检验，保证部件能够进行准确的安装；同时具有保护功能和美观性。

（一）边部处理尺寸检验

由于在封边过程中，会使其尺寸发生改变，所以极容易出现尺寸不符的情况，因此在进行封边后，要利用直尺对尺寸进行检验。如果尺寸与工艺文件相同即为合格；如果大或者小则检查封边条厚度、铣刀数值是否与工艺要求的相同；如果仍然不同，则考虑其设备的损耗，需要请设备维护人员进行调试，调试完毕后才可重新进行封边操作。

（二）边部处理质量检验

边部处理的意义在于保证家具的美观性，实现对板材和使用者的保护功能，因此，对其质量的检验也尤为重要。

质量检验以目测为主。

① 观察封边条是否虚粘,是否有翘起或者短于部件尺寸情况,如果有,需要重新封边。

② 观察封边胶是否有溢出情况,如果有,需要进行清洁。

③ 观察部件上下表面的边缘是否存在缺陷,如塌陷、损坏、锯齿状等,如果有,需要对封边机进行调节。

④ 用手指对封边条的边缘进行触摸和滑动,感觉是否有高于部件表面的情况。如果是进行"跟踪修边"的部分,观察弧度是否不足,导致划手感。如果出现这种情况,需要对相应模块的道具进行调节。

四、案例分析——板式鞋柜封边工艺

完成某板式家具企业下料后鞋柜板件的封边工作,其工艺文件如图 3-91 所示。

工厂生产表

经销商:	S			订单号:		
客户名:				下单日期:	2023-08-01	
订货名称:	鞋柜			拆单员:	admin	
备注:						

鞋柜2			1800×2400×600			

序号	板件ID	板件名称	宽	长	厚	数量	面积	备注
				柜体				
25e1颗粒板红色								
1	00696355	顶板	350	1000	25	1	0.35	
柜体总计			1			0.35		
18e1颗粒板炫彩桃木								
1	00696367	脚板	120	312	18	1	0.037	
2	00696361	固隔	293	473	18	1	0.139	
3	00696362	固隔	293	473	18	1	0.139	
4	00696363	固隔	293	473	18	1	0.139	
5	00696364	固隔	293	473	18	1	0.139	
6	00696369	右开门	479	834	18	1	0.399	
7	00696368	左开门	479	834	18	1	0.399	
8	00696360	中侧	293	837	18	1	0.245	
9	00696359	薄背	974	847	18	1	0.825	
10	00696365	脚板	120	964	18	1	0.116	
11	00696366	脚板	120	964	18	1	0.116	
12	00696358	底板	350	964	18	1	0.337	
13	00696357	右侧	350	975	18	1	0.341	
14	00696356	左侧	350	975	18	1	0.341	
柜体总计			14			3.712		

图 3-91 鞋柜板件清单

(一)工作前分析

根据实际情况,先分析本次封边工作的任务,再进行封边工作的操作。

① 根据工厂的设备以及客户的需求，本次板件边部处理的方式为封边法，利用与板材相同颜色的封边条进行封边操作。

② 根据板件工艺流程，选择全自动直线封边机来进行封边工作。

③ 根据工艺部所制定的工艺可知，开料尺寸与成品尺寸相同。工厂所用封边条厚度为0.8mm，封边胶厚度为单侧0.2mm，所以调节铣刀的数值为1mm。

④ 由于该鞋柜中含有门板和顶板，以上板件在封边时需要开"跟踪模式"，所以正式开始工作前，先对开料后的半成品板件进行分料，将需要开"跟踪模式"的门板和顶板单独放置。

⑤ 由于图纸上顶板的厚度设计为25mm，所以先用厚度为18mm的压梁和封边条进行封边工作，最后通过调整压梁高度和更换封边条厚度进行顶板的封边工作。

⑥ 所有板材的封边顺序按照先逆纹理，后顺纹理进行。

⑦ 封边结束后将部件运输到指定地点，打扫卫生并关闭设备电源。

（二）设备操作

① 接通电源（依次打开主电源、设备电源、操作面板电源），打开设备封边软件。

② 选择要使用的涂胶系统，点击开关，让设备加热。

③ 选取适合的封边条，调整压梁高度，调整铣刀的数值。

④ 依次开启：传送带、铣刀1、铣刀2、前齐头、后齐头、修边1、抛光1、抛光2，气动模式选择0.8。

⑤ 观察所需封边的板材，依照纹理方向进行封边顺序的排列。先将普通板件（不含门板和顶板）封逆纹理方向的两侧，再封其顺纹理方向的两侧。

⑥ 普通板件封边结束后，先封门板的两个逆纹理方向，然后打开"跟踪修边"，封门板两侧的顺纹理边。

⑦ 更换28mm宽封边条，调整压梁高度为25mm。

⑧ 先封顶板的两个逆纹理方向，然后打开"跟踪修边"，封顶板两侧的顺纹理边。

⑨ 将板材运输到指定地点，关闭电源，打扫卫生。

—— 同步练习 ——

对某企业生产的一批25mm桌面板进行封边，需要完成设备调试与封边操作。

拓展
阅读　　　**打造板式家具封边新标准，接轨国际前沿水平**

欧德雅封边条先后通过国际质量与环境认证体系，符合欧盟品质标准，通过SGS、法国BV、英国ITS等各类环保和性能测试标准，是绿色环保生态板必备配套产品，具有无毒少害、节约资源等环境优势，可以为不同生态板企业量身定制非常合适的封边条配套解决方案，保证让家具产品在消费者长期使用过程中，不会影响到其身体健康。而为满足客户对环保的需求，欧德雅在近几年里，陆续测试了封边条水墨喷涂的生产，大大降低了产品的气味，还在设备上进行了创新，这对于片材平版印刷、肤感产品升级带来了很大的帮助。

国内家具企业对封边材料的环保要求不断升级，不仅有助于保护环境，而且能提高产品质量和品牌竞争力。只有通过不断的技术革新和新材料的应用，才能满足消费者的需求。

板式家具钻孔工艺

任务布置

设计部门完成床头柜设计图纸，开料工序和封边工序已经完成床头柜板件的开料和封边工作，需要钻孔工序对板件进行孔位加工。

学习目标

1. 知识目标

① 掌握常用五金配件的孔位设计规则。

② 熟练掌握数字化钻孔设备的应用。

2. 能力目标

① 能够根据家具结构图纸完成孔位设计。

② 能够利用数字化生产设备完成板件孔位加工。

3. 素质目标

① 养成独立思考的习惯。

② 培养科学严谨、精益求精的工匠精神。

③ 养成独立分析、独立判断的学习习惯。

钻孔是板式家具的一个重要工艺环节。零部件钻孔工艺组织是否合理，直接影响到产品质量、生产效率和生产成本。

钻孔主要是为板式家具制造接口，板式部件钻孔的类型主要有：圆榫孔（用于圆榫的安装或定位）。螺栓孔（用于各类螺栓、螺钉的定位或拧入）。铰链孔（用于各类铰链的安装）。连接件孔（用于各类连接件、插销的安装和连接等）。

由于一般板式零部件都需要钻孔，而且需要打出供多种用途的孔，打孔数目多，规格大小不一，部位各不相同。有的在平面上打孔，有的在端部打孔，加工尺寸（孔径与孔距）精度要求高，所以对于打孔应进行标准化、系列化与通用化处理。

一、板式家具"32mm"系统

（一）"32mm"系统产生背景

18世纪，欧洲兴起了工业革命，许多产业实行了工业化的进程。工业化带来了机械化、自动化。随之，大批量生产成为现实。生产者便竭尽全力地追求高效率、高质量，去开发产品的功能性，寻求更广泛的销路。德国人格罗皮斯提出"现代工业设计应采用集体创作、标准化与模数化"的思想，这对家具设计中的"32mm"系统起到了一定的影响。第二次世界大战结束后，欧洲许多国家受到了影响，流离失所的人们急切需要重建家园。建筑业蓬勃发展，家具制造业也随之繁荣起来。传统的生产方式越来越不能满足实际的需要。家具生产者必须寻求一些更加快速解决问题的方法。随着人体工程学、材料学等新兴学科的出现及完善，刨花板、塑料贴面板已开始应用于家具生产，有关五金连接件也有所发展，家具设计师面临着如何以人的才智，利用现代化的机械设备，通过综合技术的表现，去满足现代人、现代社会对工业产品以及视觉传达手段日益增长的欲望和需求。于是，便产生了对当时柜类家具进行"模数化生产"的想法，这种模数化的想法进而变成"32mm"设计系统的现实。

（二）"32mm"系统概念

用这个制造系统组织生产获得的标准化零部件，可以组装成采用圆榫结合的固定式家具，或采用各类现代五金件组装成的拆装式家具。无论是哪种家具，其连接"接口"都要求处在32mm方格网点的钻孔位置上。因其基本模数为32mm，所以称为"32mm"系统。

（三）"32mm"系统孔位设计准则

以柜体的侧板为中心，因为侧板几乎与柜类家具的所有零部件都发生关系，侧板前后两侧加工的排孔间距均为 32mm 或 32mm 的倍数。

由柜类家具的构成分析可知，柜体框架由顶底板、侧板、背板等结构部件构成，而活动部件如门、抽屉和搁板等则属于功能部件。因为门、抽屉和搁板都要与侧板连接，"32mm"系统就是通过上述规范将五金件的安装纳入同一个系统，因而要在侧板上预钻孔，也就是规范里的系统孔，用于所有"32mm"系统五金件（如铰链底座、抽屉滑道和搁板支承等）的安装。显然，预钻系统孔可以实现侧板的通用，无论怎样配置门、抽屉，总可以找到相应的系统孔用以安装紧固螺钉；还希望门、抽屉能够互换，以形成系列化产品（图3-92）。

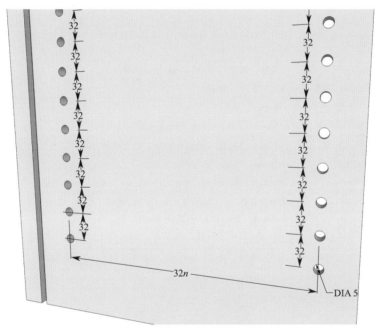

图 3-92 "32mm"系统孔

预钻孔根据用途的不同分为结构孔和系统孔。结构孔主要用于连接水平结构板，系统孔主要用于安装铰链底座、抽屉滑道和搁板等。

综上所述，"32mm"系统的精髓便是建立在模数化基础上的零部件的标准化，在设计时不是针对一个产品，而是考虑一个系列，其中的系列部件因模数关系而相互关联；其核心是侧板、门和抽屉的标准化、系列化。"32mm"系统通过零部件的标准化来提高生产效率、降低生产成本；同时，它使家具的多功能组合变化成为可能。

为了方便钻孔加工，"32mm"系统一般都采用"对称原则"设计和加工侧板上的安装孔。"32mm"系统采用基孔制配合，钻头直径均为整数值，并成系列。

所谓"对称原则"，就是使侧板的安装孔上下左右对称分布。同时，处在同一水平线上的结构孔、系统孔以及同一垂直线上的系统孔之间，均保持 32mm 的孔距关系。这样做的优点是：同一系列内所有尺寸相同的侧板，可以不分上下左右，在同一钻孔模式下完成加工，从而最大限度地节省钻孔时间。

根据海蒂诗（Hettich）公司的英文版手册，"32mm"系统规范主要有三点：系统孔直径 5mm，系统孔中心距侧板边缘 37mm；系统孔在竖直方向上中心距为 32mm 的倍数。这是针对大批量生产的柜类家具进行的模数化设计，即以侧板为骨架，钻上成排的孔，用以安装门、抽屉、搁板等。

通用系统的标准孔径一般为 5mm，孔深为 13mm；当系统孔用作结构孔时，其孔径按结构配件的要求而定，一般常用的孔径为 5mm、8mm、10mm 和 15mm 等。

板式家具孔位设计规范见表 3-1。

表 3-1　板式家具孔位设计规范

项目		要求
基本要求	接口形式	板件一律采用钻孔作为接口，中间通过圆榫、五金件相互连接，配件直接装于圆孔中
	接口位置	全部接口都设在点距为 32mm 的方格网点上
	零部件的加工精度	需达到 0.1 ～ 0.2mm
接口孔径系列	第一级	ϕ=0.3mm，用于拧入紧固螺钉
	第二级	ϕ=5mm、8mm、10mm，用于嵌装连接杆件
	第三级	ϕ=15mm、20mm、25mm、30mm，用于嵌装连接母件
	第四级	ϕ=26mm、35mm，用于嵌装暗铰链
配件		必须用接口与精度均符合要求的"32mm"系统专用配件
板件	材料	适用饰面刨花板、饰面中密度纤维板、细木工板等实心板以及实木拼版
	厚度	≥ 16mm，常用 16 ～ 25mm（最常用 20mm）
	形状、结构	优先采用上下、左右轴对称的设计，以便于钻孔等加工

注：此处板件仅指承重件，包括侧板、面板、底板、搁板等；背板因需而定，不受此限。

二、常用五金配件的孔位尺寸设计

（一）三合一偏心连接件

三合一偏心连接件是由三部分组成的，分别为偏心轮、倒刺螺母和连接杆。

1. 偏心轮预埋孔

预埋孔的直径：偏心轮的预埋孔有三种直径规格，分别为 ϕ15mm、ϕ12mm、ϕ10mm。
预埋孔的深度：偏心轮的预埋孔深度通常为 13mm。

2. 倒刺螺母预埋孔

预埋孔的直径：倒刺螺母预埋孔的直径是根据倒刺螺母的直径而定的，标准尺寸为 ϕ10mm。

预埋孔的深度：倒刺螺母预埋孔的深度是根据倒刺螺母的厚度而定的，通常为 9～12mm。

3. 连接杆预埋孔

预埋孔的直径：连接杆预埋孔的直径取决于连接杆的直径，标准尺寸为φ8mm。

预埋孔的深度：连接杆预埋孔深度的取决于连接杆的长度及与圆棒榫配合加工深度，有 30mm、25mm、20mm。

4. 常规三合一连接件的孔位尺寸（图 3-93）

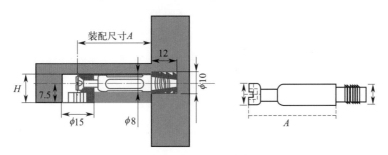

图 3-93　常规三合一偏心连接件孔位尺寸

H—偏心轮高度；*A*= 连接杆露出长度，也等于偏心轮开孔直径中心点与板材边缘的距离

偏心轮加工在被盖的板（A 板）面上，加工直径为 15mm，加工深度为 13mm，加工中心距离两板件（A 板和 B 板）交接边界由连接杆长度决定。

倒刺螺母加工在 B 板面上，加工直径为 10mm，加工深度为 12mm。加工位置在 18mm 厚板材的中心（加工 25mm 厚板材时，距离 A 板表面 9mm）。

连接杆加工在 A 板的侧板，加工直径为 8mm，加工深度保障钻通偏心轮的预埋孔即可，加工位置在 18mm 厚板材的中心（加工 25mm 厚板材时，距离 A 板表面 9mm）。

5. 孔位设计规则

三合一偏心连接件孔位设计遵循"32mm"系统，即连接相同板件的每两个孔之间的距离为 32mm 或 32mm 的倍数。根据不同板件的尺寸，需要不同数量的三合一偏心连接件，可参考表 3-2。

表 3-2　三合一孔位设计规则

板件尺寸 /mm	三合一偏心连接件数量 / 套	圆棒榫数量 / 个	打孔规则	备注
50～200	2	0	对称	两孔之间距离 32mm/64mm/96mm（图 3-94）
201～400	2	2	①基准沿	第一个孔距离基准沿 37mm。第一个孔为三合一偏心连接件，第二个孔为圆棒榫，第三个孔为圆棒榫，第四个孔为三合一偏心连接件，孔间距为 32mm 的整数倍。后面大于 50mm（图 3-95）

续表

板件尺寸 /mm	三合一偏心连接件数量 / 套	圆棒榫数量 / 个	打孔规则	备注
201 ~ 400	2	2	②对称	第一个孔和第四个孔为三合一偏心连接件，距离前后沿 37mm。第二个孔和第三个孔为圆棒榫，距离第一个孔和第四个孔 32mm（图 3-96）
401 ~ 700	3	2	①基准沿	第一个孔距离基准沿 37mm。第一个孔为三合一偏心连接件，第二个孔为圆棒榫，第三个孔为三合一偏心连接件，第四个孔为圆棒榫，第五个孔为三合一偏心连接件，孔间距 32mm 的整数倍。后面大于 50mm（图 3-97）
			②对称	第一个孔和第五个孔为三合一偏心连接件，距离前后沿 37mm。第二个孔和第四个孔为圆棒榫，距离第一个孔和第五个孔 32mm。第三个孔板件居中（图 3-98）
701 以上	4	0	对称	第一个孔和第四个孔为三合一偏心连接件，距离前后沿 37mm。第二个孔和第三个孔为三合一偏心连接件，距离第一个孔和第四个孔为 32mm 的整数倍（图 3-99）

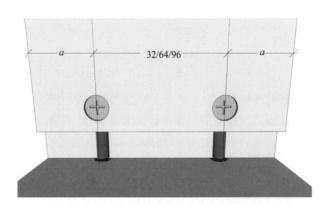

图 3-94 50 ~ 200mm 板件对称打孔

a—两侧孔的圆心距离板件两侧的尺寸

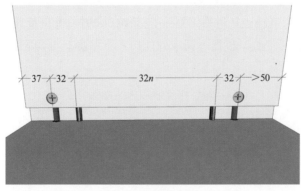

图 3-95 201 ~ 400mm 板件基准沿打孔

n—整数倍

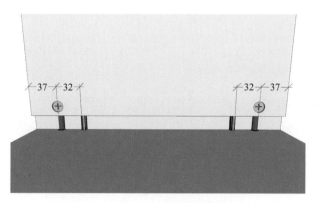

图 3-96　201 ~ 400mm 板件对称打孔

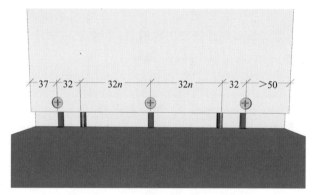

图 3-97　401 ~ 700mm 板件基准沿打孔

n—整数倍

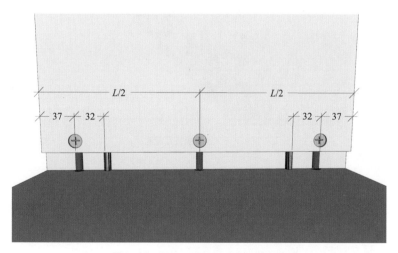

图 3-98　401 ~ 700mm 板件对称打孔

L—板件长度尺寸

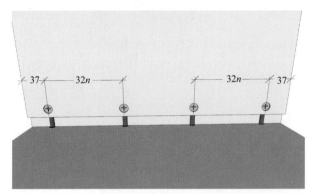

图 3-99　701mm 以上板件对称打孔

n—整数倍

（二）二合一活扣件

二合一活扣件与三合一偏心连接件的原理相同，但是孔位设计有很大区别。二合一活扣件的主体包含两部分，分别为层板托和自攻螺钉。

1. 层板托预埋孔

层板托安装在层板上，需要在层板边缘加工一个直径为 20mm、深度为 13mm 的孔。圆心位置距离板件交接处 9mm（图 3-100）。

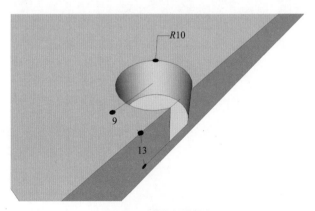

图 3-100　层板托预埋孔

2. 自攻螺钉预埋孔

自攻螺钉安装在柜体侧板的系统孔中，直径为 5mm，深度为 12mm。

3. 二合一活扣件打孔规则

因为需要利用系统孔位置安装二合一活扣件的自攻螺钉，所以采用 32mm 系统。

（三）门板铰链

门板铰链的样式虽然较多，但是门板铰链的预埋孔都遵循国际通用标准。

门板铰链包含安装在门板上的铰杯和安装在侧板上的铰座。

1. 铰杯预埋孔

铰杯预埋孔包含铰杯孔和两个自攻螺钉孔。铰杯预埋孔直径为 35mm，孔的深度为 12mm。孔的圆心距离门板边缘 22.5mm。自攻螺钉孔通常采用直径为 3mm 的钻头加工成引孔，引孔的深度为 1mm。但是自攻螺钉的定位根据不同品牌和不同型号的铰链而有所不同，并无统一标准。铰杯预埋孔位图如图 3-101 所示。

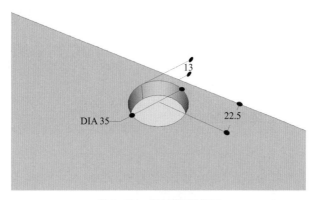

图 3-101　铰杯预埋孔位图

2. 铰座预埋孔

侧板上的铰座，有双排和单排两种，孔位通常采用引孔加工，孔位直径为 3mm，深度为 1mm。单排孔的铰链，两孔之间的距离为 32mm，且距离门板与侧板的交接边缘为 37mm，如图 3-102 所示，中间列的两个预埋孔位，满足行业通用标准。双排孔的铰链，上下孔之间的距离为 32mm，因为品牌和型号不同，前后孔之间的距离也不相同，但是其中一排满足 37mm 要求。如图 3-102 所示，采用中间列两个预埋孔和左侧列两个预埋孔位，或者采用中间列两个预埋孔位和右侧列两个预埋孔位。

3. 铰链数量

门板铰链数量受到门板高度和重量影响，常用门板为中密度纤维板、刨花板、胶合板等材料，只要门板宽度不超过 600mm，根据图 3-103 所示的铰链数量设计预埋孔孔位即可。

门板高度 2000～2400mm，安装 5 个铰链；1600～2000m，安装 4 个铰链；900～1600mm，安装 3 个铰链；小于 900mm，安装 2 个铰链。

安装门板铰链时，上下两个铰链分别距离门板上下边 60～120mm 即可。中间的铰链位置需要根据柜子内部空间而定，防止铰链与柜体内部结构板件有干涉。

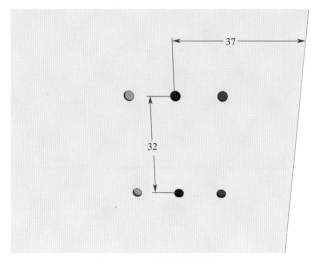

图 3-102　铰座预埋孔位图

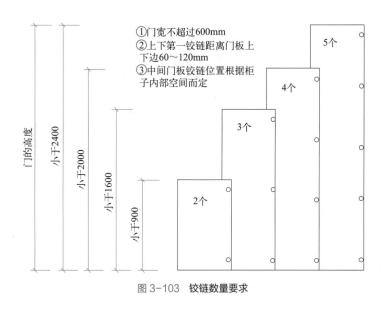

①门宽不超过600mm
②上下第一铰链距离门板上下边60～120mm
③中间门板铰链位置根据柜子内部空间而定

图 3-103　铰链数量要求

三、数控钻孔设备操作方法

（一）数控钻孔设备安全操作规程

1. 对操作者安全要求

① 对机器设备操作人员的资格要求：必须接受由机器供应商提供的该机型的专业培训课程后，才能操作此机器。

② 禁止操作者为贪图方便而将安全保护装置（如紧急开关、安全保护光栅、安全门罩开关等）进行断线直连后操作机器。

③ 禁止穿戴手套、领带以及裙类等宽松服装靠近正在转动的机器部件（如铣刀主轴、钻轴、真空泵等）。

④ 禁止在麻醉剂（如酒精或毒品）的影响下操作生产设备。

⑤ 禁止手脚靠近正在工作且移动中的加工机头。

⑥ 女性操作者必须将辫子盘起并戴上工作帽，才能允许操作机器。

⑦ 禁止在生产区域产生明火、吸烟以及进行焊接作业、燃烧作业、打磨作业、分离作业。如果出于操作需要，必须执行以上工作，则需要设置隔离区域，完全关闭生产设备，小心地清除生产设备和周围的灰尘以及可燃材料，保持充分通风，准备灭火器材，分配监管人员，在工作结束之后分配防火岗哨人员，长时间监视工作区域。

2. 开机前应检查的事项

① 供电情况：（400±20）V。

② 供气情况：> 0.6MPa。

③ 吸尘情况：风速 28m/min 以上。

④ 紧急保护开关、安全保护光栅、安全保护栏栅等完备，无问题。

⑤ 手动转动主轴及钻轴应转动顺畅。

⑥ 确认换刀盘上的刀具与刀具数据库中的要求是否一致。

⑦ 确认机头上安装的钻头、槽锯片与刀具数据库中的要求是否一致。

3. 操作过程中安全注意事项

① 在接通生产装置、开始生产之前确认不会危及任何人。

② 板件加工前，检查板件中不要含有钉子、石头和类似的嵌入物。

③ 不要在生产设备上存放任何物料。

④ 遵守生产设备上的所有安全或危险提示，保持可辨认状态。

⑤ 异常噪声出现可能意味着有故障，操作员应该了解正常的工作噪声，注意变动情况。

⑥ 采取适当的方法防止松动的工件裁片或工件残余引发的故障（完整切削裁片，停止已完成编程的加工程序，移去裁片，正确定位工件夹紧装置）。

⑦ 禁止伸入、探入进给区域；禁止在飞溅的碎屑可及的范围内停留；禁止打开不安全的机床护板；与运动的工件保持足够的距离；与生产设备中可运动的部件（加工机头、钻包、锯车）保持足够的距离。

⑧ 当出现功能性故障时，应按紧急停止按键，等待所有正在运动部件停止，确保生产设备不会被重新启动，排除故障，检查生产设备有无损坏。

⑨ 在退出生产设备之前，需要切断控制电压，关闭并锁定主开关，从钥匙开关中拔出钥匙，关闭气动装置。

⑩ 机床操作员必须严格按照保养规程定期清洁或移除生产余料、工件残余、辅助材料或者生产原料引起的脏污、积尘。在清洁前，需要关闭生产设备，仅可使用吸尘的干抹布

清洁生产设备，每天及每个班次之后彻底吹扫生产设备，特别是会发热的加工单元。由专业电工定期清洁开关控制柜内部。

（二）操作方法

1. 豪迈 PTP160 PLUS 计算机加工中心（图 3-104）操作方法

（1）设备加工尺寸范围及加工能力

工作台长度为 3250mm；工作台宽度为 1250mm；最大工件厚度为 100mm。

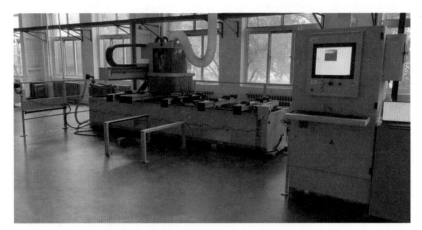

图 3-104　豪迈 PTP160 PLUS 计算机加工中心

（2）设备开机

① 打开主电源开关，如图 3-105 所示。

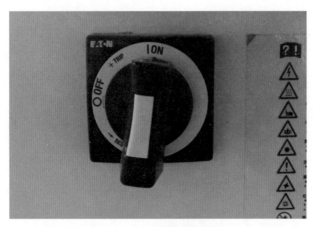

图 3-105　电源主开关

② 计算机自动启动 Windows 操作系统，然后自动启动 MCC，进入任务主界面（图 3-106），调试或新编加工程序。

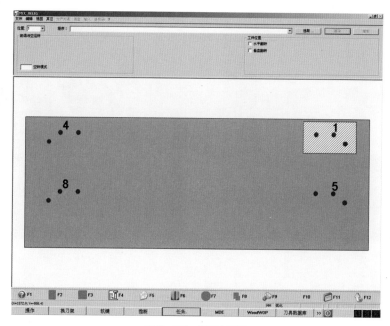

图 3-106　任务主界面

③ 打开操作模式，将 CNC 工作模式设为"自动"（图 3-107）。

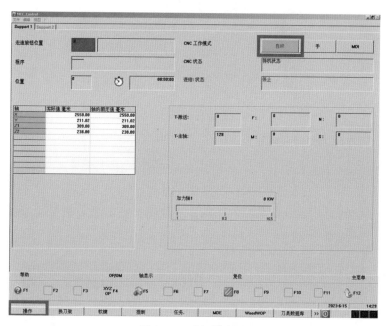

图 3-107　"自动"模式

（3）加工前检查

① 按下加工按钮（图 3-108），使机器进入空转状态。

② 确认加工单元的气压表是否调节在正常压力大于 6bar（图 3-109）。

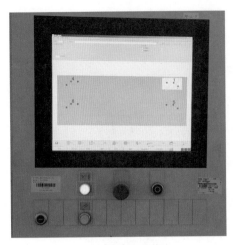

图 3-108 按下加工按钮

图 3-109 气压表

③ 确认真空泵旋转时无异常的响声（图 3-110）。

图 3-110 真空泵

④ 主轴电机及钻轴盒的旋转；$X/Y/Z$ 轴驱动系统的齿轮齿条和滚珠丝杠转动时，以及 $X/Y/Z$ 轴导向系统的直线导轨和滑块移动时无异常的响声。

⑤ 确认安全保护开关、安全保护门罩、安全保护栅等触发后是否起保护作用（图 3-111）。

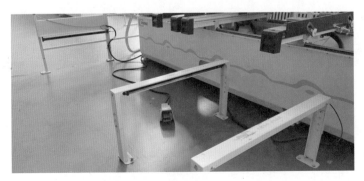

图 3-111 安全光栅

（4）导入或编辑加工程序

① 打开任务模式，在1、4、5、8位置选择加工工位（图3-112）。

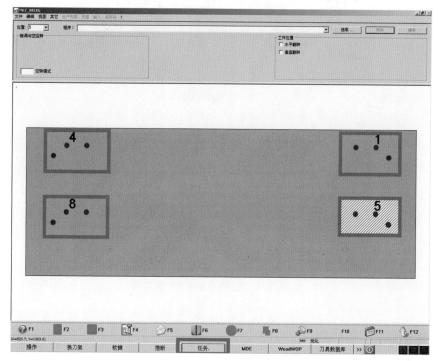

图3-112 选择加工工位

② 扫码或选取加工任务并接受（图3-113）。

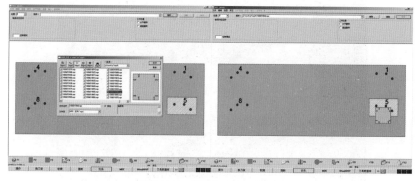

图3-113 选取加工任务并接受

（5）将待加工工件送入机器并进行加工

① 禁止将超过允许加工尺寸的工件送入机器加工。

② 依照程序中设置的真空吸盘位置参数准确放置真空吸盘（图3-114）。

③ 使用辅助支撑架帮助放置工件至加工区，要求将板件完全覆盖真空吸盘，防止漏气，严禁大力撞击定位气缸杆（图3-115）。

图 3-114 摆放真空吸盘

图 3-115 待加工零部件摆放

④ 运行新编制的程序时，第一次加工时应该先将手持遥控器的进料速度调至 0，启动加工程序后再逐渐提高其速度，同时观察铣切或钻孔的过程，避免碰撞或铣伤真空吸盘及定位气缸等事故的发生。

⑤ 踩脚踏板，启动真空，真空吸盘吸住待加工工件（图 3-116）。

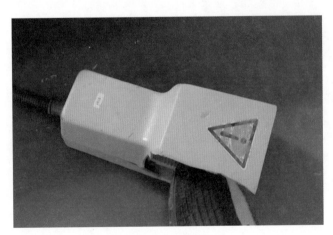

图 3-116 脚踏板

⑥ 按程序加工启动按钮，开始自动加工（图 3-117）。

（6）加工过程中应观察并注意的事项

① 待加工工件的平整度是否良好，是否规方。

② 刀具切削的声音是否正常。

③ 有无因吸尘不好而导致保护光栅的误报警现象。

④ 钻孔时有无崩边的现象。

⑤ 出现以上故障现象时，应由相关的专业人员及时处理维修。

⑥ 当工件长度小于 1450mm 时，可设置为左右穿梭加工模式，以提高加工效率。

⑦ 当工件长度大于等于 1450mm 时，需将左右加工区合为一个真空台面进行加工。

（7）取出已加工好的工件

必须等待加工机头在完成加工程序并移动至程序要求的停车位置后，才允许操作工将手伸入保护光栅取出已加工好的工件。

（8）退出加工并关机

① 点击程序关闭按钮，结束加工（图 3-118）。

图 3-117　程序加工启动按钮

图 3-118　程序关闭按钮

② 点击操作屏上的 MCC 退出键，再按照正常的关机步骤进行关机，待计算机关闭后，切断主电源（图 3-119）。

2. 木工数控六面钻操作方法

（1）数控六面钻孔中心（图 3-120）加工尺寸范围及加工能力

工件长度为 70 ～ 2800mm。工件宽度为 50 ～ 1200mm。工件厚度为 960mm。

（2）设备开机

① 打开主电源开关（图 3-121）和计算机电源开关（图 3-122），启动计算机。

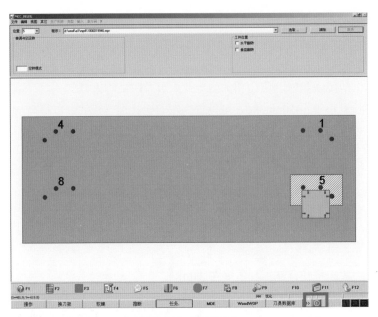

图 3-119　退出 MCC

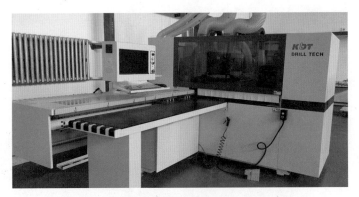

图 3-120　数控六面钻孔中心

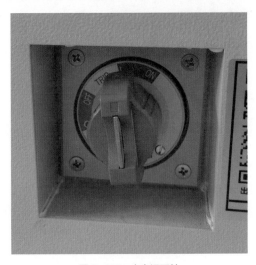

图 3-121　主电源开关

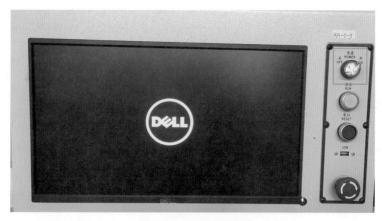

图 3-122 计算机电源开关

② 计算机自动启动 Windows 操作系统，然后手动启动 WS_CNC 程序软件（图 3-123）。

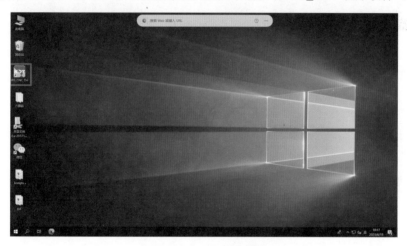

图 3-123 WS_CNC 程序软件

③ 自动启动程序界面，调试或新编加工程序（图 3-124）。

图 3-124 程序界面

（3）机器热机和加工前检查

① 确认设备状态为正常（图3-125）。

图3-125 确认设备状态正常

② 点击手动模式，启动热机（图3-126），校验转子和刀具运转正常。

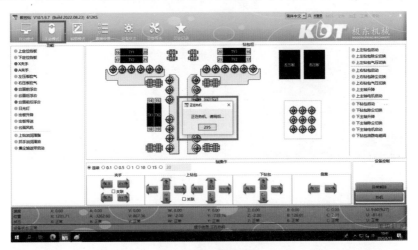

图3-126 启动热机

③ 确认主轴电机刀具及钻轴和钻头的活动无异常（图3-127）。

图3-127 主轴电机刀具及钻轴和钻头

④ 确认安全保护开关、安全保护门罩等触发后是否起保护作用（图 3-128）。

图 3-128　安全保护门罩

（4）导入或编辑加工程序

① 点击自动模式。

② 在文件目录中选择待加工文件（图 3-129）。

图 3-129　自动模式下导入加工文件目录

③ 扫码或选择加工文件（图 3-130）。

（5）将待加工工件送入机器加工

① 禁止将超过允许加工尺寸的工件送入机器加工。

② 踩脚踏板，将待加工零部件放置在加工位，靠紧靠尺（图 3-131）。

③ 再一次踩脚踏板，用夹钳夹紧工件后，点击启动开关，进行工件加工。

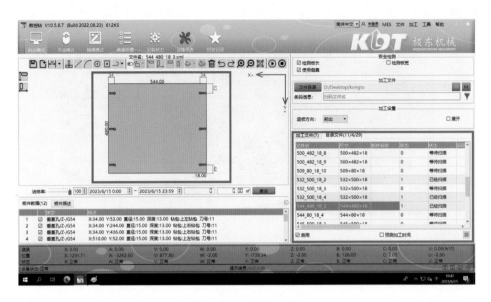

图 3-130 选择加工文件

图 3-131 踩脚踏板并使工件靠紧靠尺

（6）加工过程中应观察并注意的事项

① 刀具切削的声音是否正常。
② 铣边、钻孔及开槽时有无崩边的现象。
③ 有无丢孔现象出现。

（7）取出已加工好的工件

加工好的工件根据需求会自动前出或后出，将其从机器上取下即可。

（8）关机

① 首先点击操作屏上的关闭键，退出操作软件（图 3-132）。
② 再按正常的计算机关机步骤，待关闭计算机后切断主电源开关（图 3-133）。

图 3-132 退出操作软件

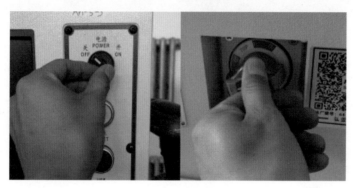

图 3-133 设备关机

四、板式家具钻孔质量检验标准

（一）检验工具

1. 卷尺（图 3-134）

用于检验预埋孔位的位置尺寸。

图 3-134 卷尺

2. 游标卡尺（图 3-135）

用于检验预埋孔位的深度尺寸。

图 3-135　游标卡尺

（二）检验方法

1. 首件检验

在加工过程中，首件检验可以预防批量产品出现重大错误。随着数字化制造技术的广泛应用，首件检验通常应用在开机后加工的第一个零部件产品，或者更换钻头后第一次加工的零部件产品。

2. 过程抽检

过程抽检是指在加工过程中，对加工的零部件进行抽样检查，尤其对孔位表面加工质量进行检查，防止出现大批量的质量问题。

（三）钻孔质量要求

① 孔位、孔深符合图纸的要求：孔位公差为 ±0.5mm，孔深公差为 ±0.5mm。
② 孔位无钻穿、钻爆，孔边无崩缺。

五、案例分析——床头柜钻孔工艺

设计部门完成床头柜设计图纸（图 3-136），开料工序和封边工序已经完成床头柜板件的开料和封边工作，选择需要的钻孔工序对板件进行孔位加工。

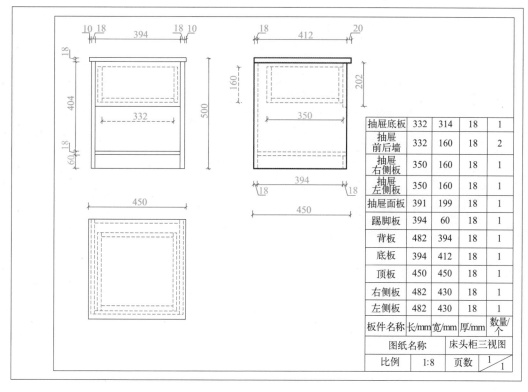

抽屉底板	332	314	18	1
抽屉前后墙	332	160	18	2
抽屉右侧板	350	160	18	1
抽屉左侧板	350	160	18	1
抽屉面板	391	199	18	1
踢脚板	394	60	18	1
背板	482	394	18	1
底板	394	412	18	1
顶板	450	450		1
右侧板	482	430	18	1
左侧板	482	430	18	1
板件名称	长/mm	宽/mm	厚/mm	数量/个
图纸名称		床头柜三视图		
比例	1:8	页数	1/1	

图 3-136 床头柜三视图

该床头柜一共有 12 块板，分别为左侧板、右侧板、顶板、底板、背板、踢脚板、抽屉面板、抽屉左侧板、抽屉右侧板、抽屉前堵板、抽屉后堵板和抽屉底板。根据抽屉工艺，除抽屉面板不需要孔位加工外，其他板件均需要孔位设计。

（一）人工孔位设计

1. 左侧板

左侧板与顶板、底板、背板和踢脚板共 4 块板连接，其中顶板盖左侧板，左侧板盖底板、背板和踢脚板。

① 与顶板连接位置：在左侧板表面上加工 3 个 ϕ15mm 的三合一偏心轮孔，在板件侧边加工 3 个 ϕ8mm 的三合一连接杆的孔和 2 个 ϕ8mm 的定位木销孔。

② 与底板连接位置：在左侧板表面上加工 3 个 ϕ10mm 的三合一倒刺螺母孔和 2 个 ϕ8mm 的定位木销孔。

③ 与背板连接位置：在左侧板表面上加工 3 个 ϕ10mm 的三合一倒刺螺母孔和 2 个 ϕ8mm 的定位木销孔。

④ 与踢脚板连接位置：在左侧板表面加工 2 个 ϕ10mm 的三合一倒刺螺母孔。

左侧板孔位示意如图 3-137 所示。

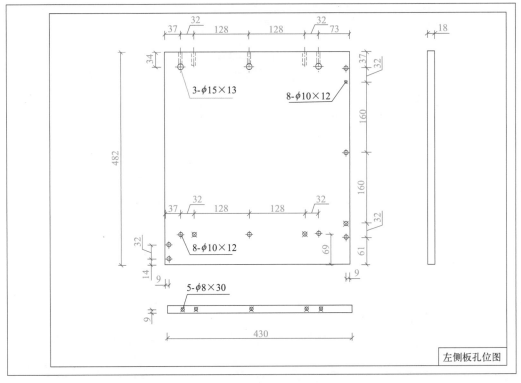

图 3-137　左侧板孔位示意

2. 右侧板

右侧板与左侧板相同，与顶板、底板、背板和踢脚板共 4 块板连接，其中顶板盖右侧板，右侧板盖底板、背板和踢脚板。

① 与顶板连接位置：在右侧板表面上加工 3 个 ϕ15mm 的三合一偏心轮孔，在板件侧边加工 3 个 ϕ8mm 的三合一连接杆的孔和 2 个 ϕ8mm 的定位木销孔。

② 与底板连接位置：在右侧板表面上加工 3 个 ϕ10mm 的三合一倒刺螺母孔和 2 个 ϕ8mm 的定位木销孔。

③ 与背板连接位置：在右侧板表面上加工 3 个 ϕ10mm 的三合一倒刺螺母孔和 2 个 ϕ8mm 的定位木销孔。

④ 与踢脚板连接位置：在右侧板表面加工 2 个 ϕ10mm 的三合一倒刺螺母孔。

右侧板孔位示意如图 3-138 所示。

3. 顶板

顶板与左侧板和右侧板有连接，采用顶板盖左侧板和右侧板的方式。

① 与左侧板连接位置：在顶板表面上加工 3 个 ϕ10mm 的三合一倒刺螺母孔和 2 个 ϕ8mm 的定位木销孔。

② 与右侧板连接位置：在顶板表面上加工 3 个 ϕ10mm 的三合一倒刺螺母孔和 2 个

ϕ8mm 的定位木销孔。

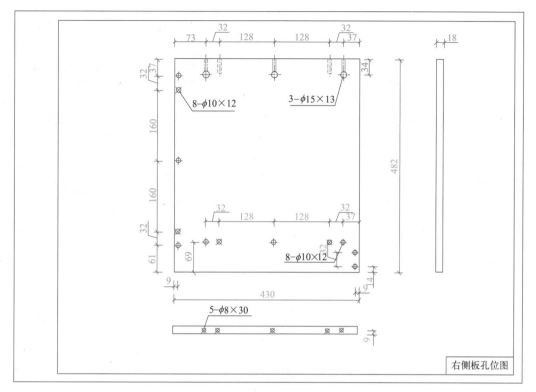

图 3-138　右侧板孔位示意

顶板孔位示意如图 3-139 所示。

4. 底板

底板与左侧板和右侧板有连接，采用左侧板和右侧板盖底板的方式。

① 与左侧板连接位置：在底板表面上加工 3 个 ϕ15mm 的三合一偏心轮孔，在板件侧边加工 3 个 ϕ8mm 的三合一连接杆的孔和 2 个 ϕ8mm 的定位木销孔。

② 与右侧板连接位置：在底板表面上加工 3 个 ϕ15mm 的三合一偏心轮孔，在板件侧边加工 3 个 ϕ8mm 的三合一连接杆的孔和 2 个 ϕ8mm 的定位木销孔。

底板孔位示意如图 3-140 所示。

5. 背板

背板与左侧板和右侧板有连接，采用左侧板和右侧板盖背板的方式。

① 与左侧板连接位置：在背板表面上加工 3 个 ϕ15mm 的三合一偏心轮孔，在板件侧边加工 3 个 ϕ8mm 的三合一连接杆的孔和 2 个 ϕ8mm 的定位木销孔。

② 与右侧板连接位置：在背板表面上加工 3 个 ϕ15mm 的三合一偏心轮孔，在板件侧边加工 3 个 ϕ8mm 的三合一连接杆的孔和 2 个 ϕ8mm 的定位木销孔。

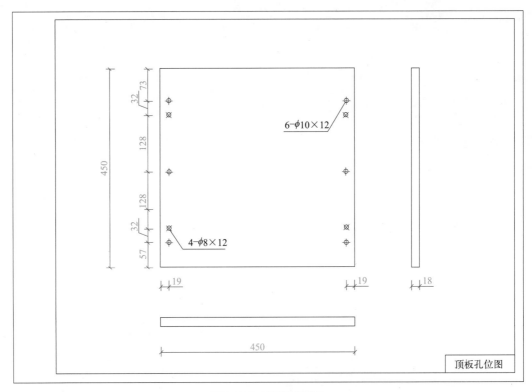

图 3-139　顶板孔位示意

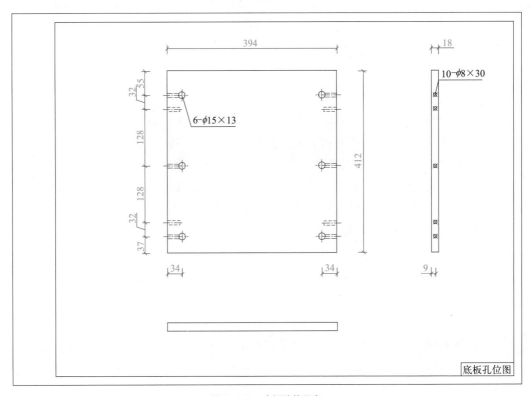

图 3-140　底板孔位示意

背板孔位示意如图 3-141 所示。

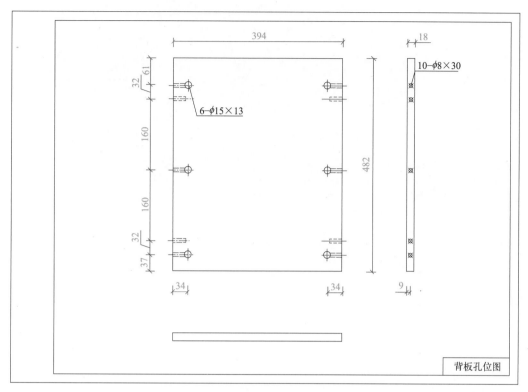

图 3-141　背板孔位示意

6. 踢脚板

踢脚板与左侧板和右侧板有连接，采用左侧板和右侧板盖踢脚板的方式。

① 与左侧板连接位置：在踢脚板表面上加工 2 个 ϕ 15mm 的三合一偏心轮孔，在板件侧边加工 2 个 ϕ 8mm 的三合一连接杆的孔。

② 与右侧板连接位置：在踢脚板表面上加工 2 个 ϕ 15mm 的三合一偏心轮孔，在板件侧边加工 2 个 ϕ 8mm 的三合一连接杆的孔。

踢脚板孔位示意如图 3-142 所示。

7. 抽屉左、右侧板

因为抽屉左、右侧板的孔位采用对称打孔方式，所以抽屉左、右侧板通用，孔位相同。

抽屉左、右侧板与抽屉前、后堵板和抽屉底板有连接，采用左、右侧板盖前、后堵板和抽屉底板的方式。

① 与前、后堵板连接位置：在抽屉左、右侧板表面上加工 4 个 ϕ 10mm 的三合一倒刺螺母孔位。

② 与抽屉底板连接位置：在抽屉左、右侧板表面上加工 2 个 ϕ 10mm 的三合一倒刺螺母孔位。

抽屉左、右侧板孔位示意如图 3-143 所示。

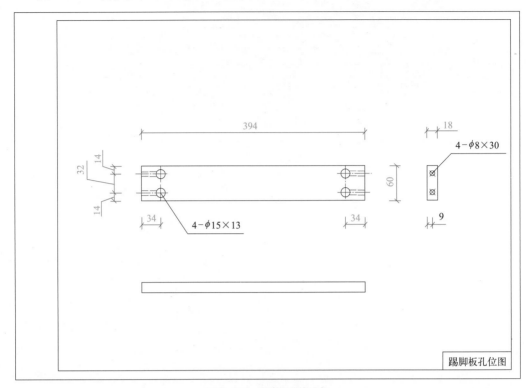

图 3-142 踢脚板孔位示意

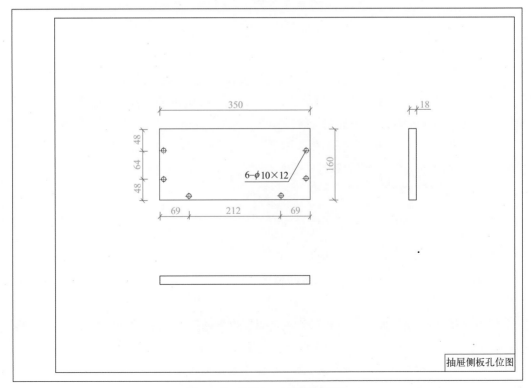

图 3-143 抽屉左、右侧板孔位示意

8. 抽屉前、后堵板

因为抽屉前、后堵板的孔位采用对称打孔方式，所以抽屉前、后堵板通用，孔位相同。

抽屉前、后堵板与抽屉左、右侧板和抽屉底板有连接，其中左、右侧板盖前、后堵板；前、后堵板盖抽屉底板。

① 与抽屉左、右侧板连接位置：在前、后堵板表面上加工 4 个 ϕ15mm 的三合一偏心轮孔，在板件侧边加工 4 个 ϕ8mm 的三合一连接杆的孔。

② 与抽屉底板连接位置：在抽屉左、右侧板表面上加工 2 个 ϕ10mm 的三合一倒刺螺母孔位。

抽屉前、后堵板孔位示意如图 3-144 所示。

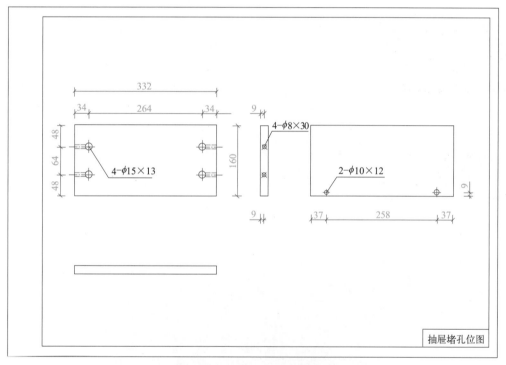

图 3-144　抽屉前、后堵板孔位示意

9. 抽屉底板

抽屉底板与抽屉左、右侧板和抽屉前、后堵板有连接，被四块板件夹于中间。

① 与抽屉左、右侧板连接位置：在抽屉底板表面上加工 4 个 ϕ15mm 的三合一偏心轮孔，在板件侧边加工 4 个 ϕ8mm 的三合一连接杆的孔。

② 与抽屉前、后堵板连接位置：在抽屉底板表面上加工 4 个 ϕ15mm 的三合一偏心轮孔，在板件侧边加工 4 个 ϕ8mm 的三合一连接杆的孔。

抽屉底板孔位示意如图 3-145 所示。

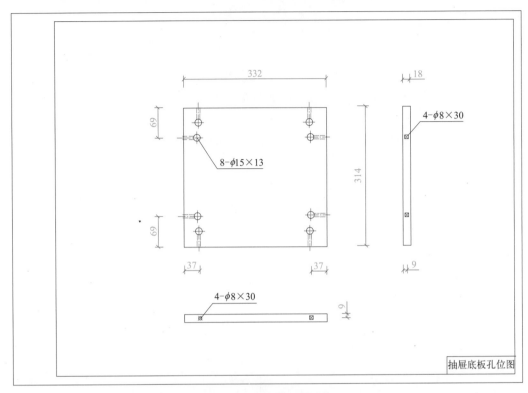

图 3-145　抽屉底板孔位示意

根据每一个板件的孔位示意图，将板件加工孔位在设备软件中绘制出来，并生成加工文件。

（二）数字化孔位生成

根据床头柜的三视图，利用数字化软件，将床头柜的结构绘制完成，如图 3-146 所示。

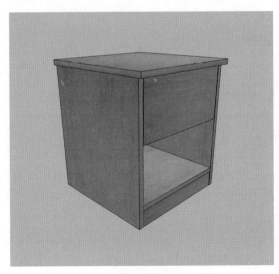

图 3-146　用数字化软件绘制床头柜结构

数字化软件会根据板件与板件之间的结构、孔位设计规则，自动计算孔位加工位置，如图 3-147 所示。

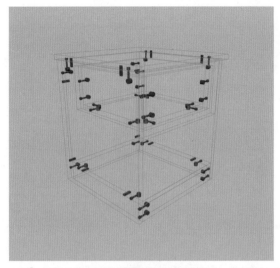

图 3-147 自动生产孔位示意

孔位生产后，每一个零部件都会生成一个加工程序文件，如图 3-148 所示。

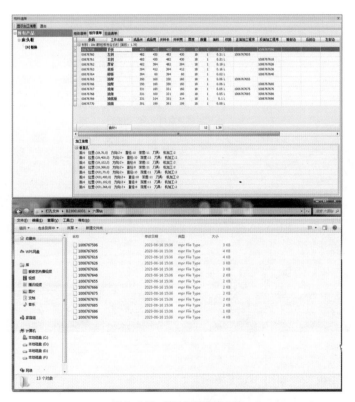

图 3-148 钻孔加工程序文件

（扫底封二维码查看高清图）

（三）钻孔加工

1. 设备开机、启动软件、导入加工程序文件（图 3-149）

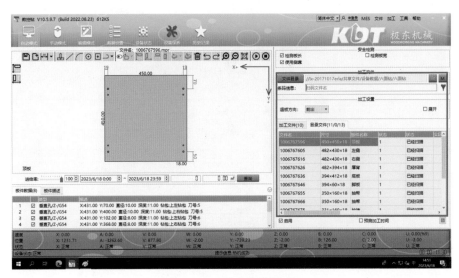

图 3-149　导入加工程序文件

2. 板件加工

① 选取加工文件，如图 3-150 所示。

图 3-150　选取加工文件

② 摆放待加工板件，如图 3-151 所示。

③ 启动加工，如图 3-152 所示。

④ 取出板件，如图 3-153 所示。

图 3-151　摆放待加工板件

图 3-152　启动加工

图 3-153　取出板件

3.设备关闭

将加工软件关闭、计算机关机，切断设备电源。

── 同步练习 ──

设计部门完成一款鞋柜设计图纸，如图 3-154 所示。开料工序和封边工序已经完成床头柜板件的开料和封边工作，需要钻孔工序对板件进行孔位加工。

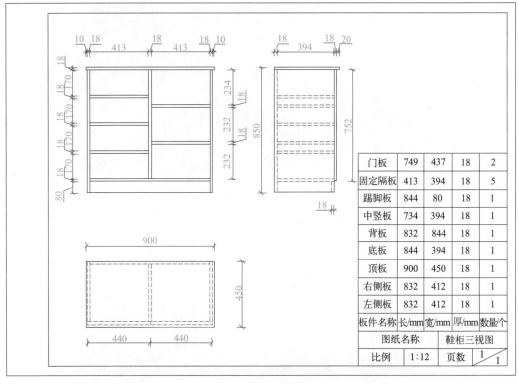

图 3-154 鞋柜三视图

板件名称	长/mm	宽/mm	厚/mm	数量/个
门板	749	437	18	2
固定隔板	413	394	18	5
踢脚板	844	80	18	1
中竖板	734	394	18	1
背板	832	844	18	1
底板	844	394	18	1
顶板	900	450	18	1
右侧板	832	412	18	1
左侧板	832	412	18	1

图纸名称		鞋柜三视图	
比例	1:12	页数	1/1

拓展阅读　家具孔位工艺的科技发展

家具孔位工艺是伴随着家具五金种类的发展而不断进行技术革新的，主要体现在以下几个方面。

成组技术：将企业的多种产品、部件和零件按一定的相似性准则分类编组，并以这些组为基础，组织生产的各个环节，从而实现多品种、中小批量的产品设计制造和管理的合理化，是一种可以提高中、小批量产品生产效率的新技术。

数控六面钻：主要是用于解决板式家具衣柜、橱柜等定制家具生产中孔位工艺的，六面钻可以一次完成加工件正反面和四个侧孔所有孔位的加工，应用数控六面钻，在开料环节无须再人工翻板，板式家具生产线真正实现自动化。

CNC-ZK 生产线：可以自动生成孔位、槽位，并进行一键排版拆单。

家具行业技术的革新需要我们中国家具人进行不断的积累与践行。我们已经处于这个行业最好的时代中，从内我们有着三十多年的经验，从外有着外力助推。这个时代需要我们付出更多的努力，也值得我们付出更多的努力。

板式家具型面和曲边加工工艺

—— 任务布置 ——

如图 3-155 所示，板式书桌桌面板已经完成备料，因桌面为异型，且需要开背板槽，所以需要铣型和开槽工序进行零部件加工。

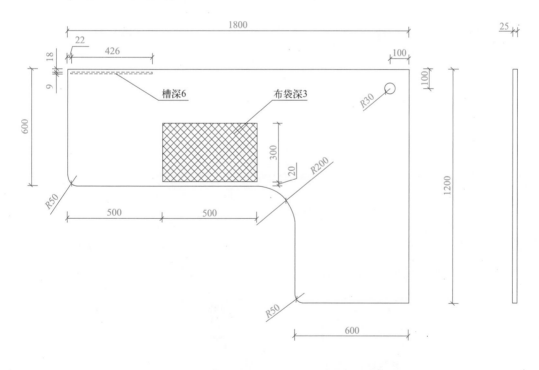

图 3-155 板式书桌桌面

—— **学习目标** ——

1. 知识目标

① 掌握板式家具开槽加工工艺。

② 掌握板式家具掏洞和铣布袋加工工艺。

③ 掌握板式家具曲边加工工艺。

④ 熟练掌握板式家具数字化铣型和开槽设备的应用。

2. 能力目标

① 能够利用数字化生产软件编辑开槽、掏洞、铣布袋和曲面加工程序。

② 能够利用数字化生产设备完成板件型面和曲边加工。

3. 素质目标

① 养成独立思考的习惯。

② 培养科学严谨、精益求精的工匠精神。

③ 养成独立分析、独立判断的学习习惯。

　　板式家具设计中有很多异型板件，其加工过程是无法用简单的裁板、封边、钻孔就可以解决的，此时需要增加一个工序——铣型。随着数字化制造技术的发展，铣型工序已经和钻孔工序采用相同的设备进行加工，但是铣型需要的刀具与钻孔用的刀具不同，加工程序需要另外编辑，所以本任务将解决以上问题。

一、型面和曲边加工工艺

　　型面和曲边加工在板式家具中包含板件表面掏洞、板件表面铣布袋、弧形边板件铣型、板件开槽等几种情况。

（一）板件表面掏洞

　　板件表面掏洞，多用于板式办公桌面线盒孔盖（图3-156）、榻榻米翻转拉手孔（图3-157）等。

图 3-156　办公桌面线盒孔盖

掏洞以圆洞加工和方洞加工两种形式为主，有些掏洞加工是其他造型，需要根据不同形式进行特殊编辑。

图 3-157 榻榻米翻转拉手孔

1. 圆洞

圆洞的加工参数有四个：圆洞的圆心位置、圆洞的加工直径（半径）、下刀位置、每次下刀加工深度。圆洞加工工艺如图 3-158 所示。

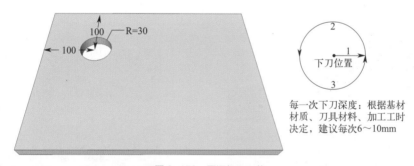

每一次下刀深度：根据基材材质、刀具材料、加工工时决定，建议每次6～10mm

图 3-158 圆洞加工工艺

2. 方洞

方洞的加工参数有五个，分别为方洞的两个方向尺寸、方洞的加工中心、下刀位置、每次下刀加工深度。方洞加工工艺如图 3-159 所示。但是需要注意在掏洞过程中，因为铣刀刀具半径的影响，方洞的阴角角点位置无法加工成直角，都会有一个铣刀半径的圆弧。

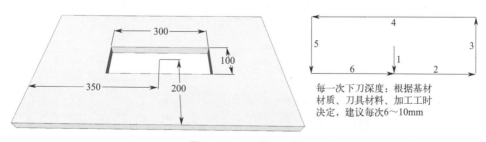

每一次下刀深度：根据基材材质、刀具材料、加工工时决定，建议每次6～10mm

图 3-159 方洞加工工艺

3.异型掏洞

异型掏洞方法，通常采用点、线、弧进行绘图，完成加工曲线，然后确定下刀位置和每次下刀深度。异型掏洞加工工艺如图 3-160 所示。

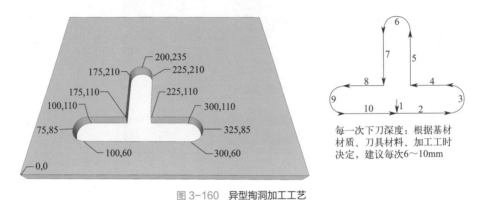

每一次下刀深度：根据基材材质、刀具材料、加工工时决定，建议每次6~10mm

图 3-160 异型掏洞加工工艺

（二）板件表面铣布袋

布袋铣削主要应用于在板件表面镶嵌另外材质的零部件，例如班台面的皮质垫板（图3-161）、嵌入式拉手（图3-162）等。

图 3-161 班台面的皮质垫板

图 3-162 嵌入式拉手

布袋铣削加工和掏洞方式相同，也分为圆形、方形和异型。在加工尺寸参数输入时与掏洞也相同，但是加工程序的走刀方式则与掏洞不同。掏洞是按照设置的加工线走刀，但是布袋铣削是需要将整个面进行铣型，所以是按照刀具的直径进行线性走刀。

（三）弧形边板件铣型

弧形边板件在板式家具中十分常见，例如衣柜的圆弧开放柜（图3-163）、办公桌的圆弧桌面（图3-164）、床头柜的圆弧侧板（图3-165）、厨房吧台面（图3-166）等。

图 3-163 衣柜的圆弧开放柜

图 3-164 办公桌的圆弧桌面

图 3-165 床头柜的圆弧侧板

图 3-166 厨房吧台面

对于弧形边板件铣型，应根据造型需要设计铣削路径，为防止进出刀位置有刀具半径影响，都会设计提前进刀、延后出刀的方法，然后与掏洞加工一样，确定每次加工深度，如图 3-167 所示。

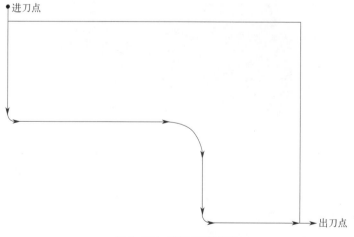

图 3-167 弧形边板件铣型

（四）板件开槽

在板式家具的背板工艺中，薄背板工艺是指将 5mm 或 8mm 背板插槽到侧板和顶底板中，此时需要在侧板、顶底板等板件的表面上进行开槽，如图 3-168 所示。

板式家具的门板有一些铝合金嵌条、铝合金拉手，在加工时需要将门板进行开槽，并将嵌条粘接在槽中，如图 3-169 所示。

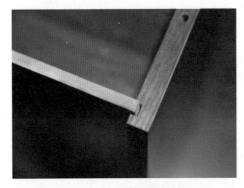

图 3-168　背板开槽工艺

图 3-169　铝合金嵌条、铝合金拉手开槽

板式衣柜、玄关柜和书柜等高度较高的柜门，在使用过程中，由于应力影响容易产生翘曲形变，因此通常需要在门板背面安装拉直器，将拉直器嵌入门板背面的槽中，如图 3-170 所示。

图 3-170　门板拉直器

板件开槽分为正面开槽和侧边开槽两种，首先根据槽的形状和尺寸选择正确的铣削刀具，然后确定槽的位置和长度。有些数字化加工设备采用锯片开槽，有些采用铣刀开槽，需要根据设备来选择开槽工艺。

二、型面和曲边加工设备及操作方法

（一）型面和曲边加工设备与加工工艺流程

对于型面和曲边，根据不同的工艺路线，可以用三台设备进行加工，分别为数控加工中心、六面钻和金田豪迈 PTP。

通常根据不同的加工形式设计加工路线。

① 掏洞加工完成后大多数板件不需要进行曲线封边，所以掏洞加工的板件工艺路线有两种，如下所示。

开料
电子开料锯 ➡ 直线封边
直线封边机 ➡ 钻孔＋铣型
六面钻 / 金田豪迈 PTP

开料＋铣型
数控加工中心 ➡ 直线封边
直线封边机 ➡ 钻孔
六面钻 / 金田豪迈 PTP

② 布袋铣削加工完成后大多数板件不需要进行曲线封边，所以布袋铣削加工的板件工艺路线有两种，如下所示。

开料
电子开料锯 ➡ 直线封边
直线封边机 ➡ 钻孔＋铣型
六面钻 / 金田豪迈 PTP

开料＋铣型
数控加工中心 ➡ 直线封边
直线封边机 ➡ 钻孔
六面钻 / 金田豪迈 PTP

③ 弧形边板件加工完成后板件需要进行曲线封边，所以弧形边板件加工的工艺路线有两种，如下所示。

开料
电子开料锯 ➡ 直线封边
直线封边机 ➡ 钻孔＋铣型
六面钻 / 金田豪迈 PTP ➡ 曲线封边
曲线封边机

开料＋铣型
数控加工中心 ➡ 直线封边
直线封边机 ➡ 曲线封边
曲线封边机 ➡ 钻孔
六面钻 / 金田豪迈 PTP

④ 表面槽加工可以采用两种工艺路线，如下所示。

开料
电子开料锯 ➡ 直线封边
直线封边机 ➡ 钻孔＋开槽
六面钻 / 金田豪迈 PTP

开料＋开槽
数控加工中心 ➡ 直线封边
直线封边机 ➡ 钻孔
六面钻 / 金田豪迈 PTP

⑤ 侧边槽加工只能采用六面钻加工，所以其工艺路线如下所示。

开料
电子开料锯 ➡ 直线封边
直线封边机 ➡ 钻孔＋开槽
六面钻

（二）型面和曲边加工程序编辑

型面和曲边加工采用数字化制造软件程序编辑，然后将程序导入加工设备中完成加工。下面根据不同种类的型面和曲边加工，分别介绍程序编辑方法。

1. 掏圆洞或铣圆形布袋

① 选择要添加造型的板件，选择添加掏洞功能，选择圆洞，如图 3-171 所示。

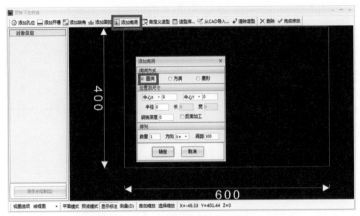

图 3-171　编辑圆洞或圆形布袋铣削

② 输入圆洞的圆心 X 轴位置、圆心 Y 轴位置、圆的半径共三个数据，如图 3-172 所示。

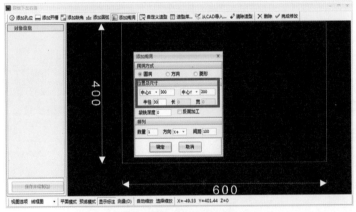

图 3-172　设定中心位置和圆半径

③ 如果进行布袋加工，需要设定布袋铣削深度，如图 3-173 所示。

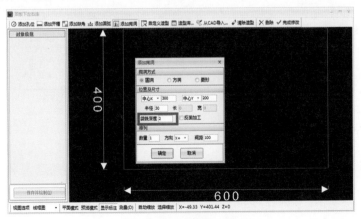

图 3-173　设定袋铣深度

④ 点击确定，检查圆洞或圆形布袋的铣削位置是否正确，然后保存，如图 3-174 所示。

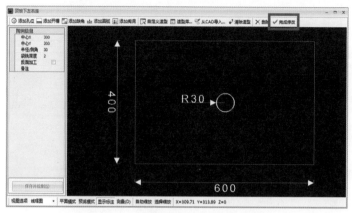

图 3-174　检查铣削位置是否正确并保存

2. 掏方洞或铣方形布袋

① 选择要添加造型的板件，选择添加掏洞功能，选择方洞，如图 3-175 所示。

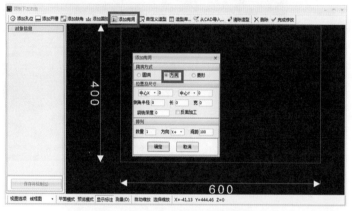

图 3-175　编辑方洞或方形布袋铣削

② 输入方洞的中心距 X 轴位置、中心距 Y 轴位置、方洞的 X 轴方向长度、方洞 Y 轴方向长度，如果需要增加倒角，可以设置倒角半径，如图 3-176 所示。

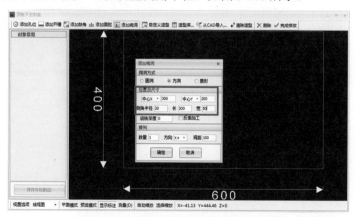

图 3-176　设置中心位置及方洞的长度和宽度

③ 如果进行布袋加工，需要设定布袋铣削深度，如图 3-177 所示。

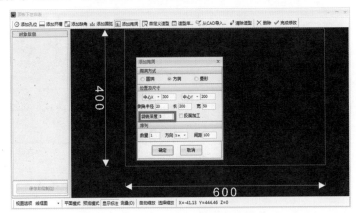

图 3-177　设定布袋铣削深度

④ 点击确定，检查方洞或方形布袋的铣削位置是否正确，然后保存，如图 3-178 所示。

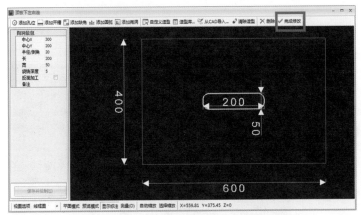

图 3-178　检查铣削位置是否正确并保存

3. 添加缺角

① 选择要添加造型的板件，选择添加缺角功能，选择缺角位置，如图 3-179 所示。

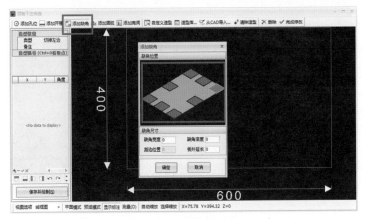

图 3-179　选择缺角位置

② 输入缺角的 X 轴方向尺寸和 Y 轴方向尺寸，如图 3-180 所示。

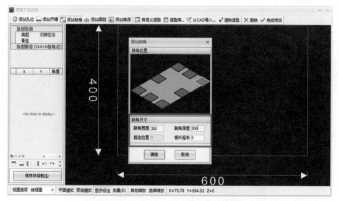

图 3-180　输入缺角尺寸

③ 点击确定，检查缺角位置及缺角尺寸是否正确，然后保存，如图 3-181 所示。

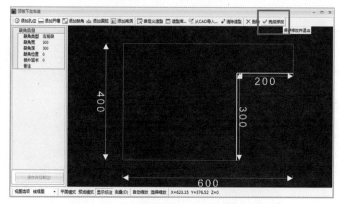

图 3-181　检查缺角位置及尺寸是否正确并保存

4.添加圆弧

① 选择要添加造型的板件，选择添加圆弧功能，选择圆弧位置，如图 3-182 所示。

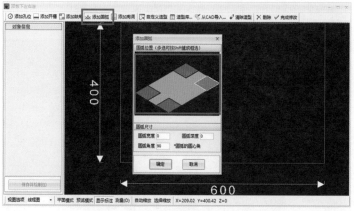

图 3-182　选择圆弧位置

② 输入圆弧的 X 轴方向半径和 Y 轴方向半径，如图 3-183 所示。

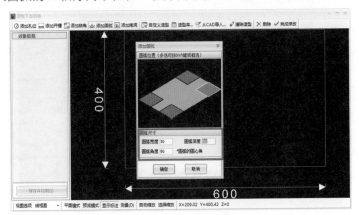

图 3-183　输入圆弧半径

③ 点击确定，检查圆弧位置及圆弧尺寸是否正确，然后保存，如图 3-184 所示。

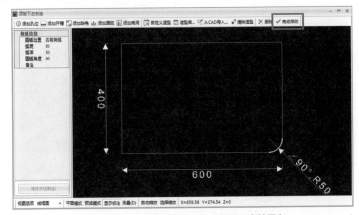

图 3-184　检查圆弧位置及尺寸是否正确并保存

5. 自定义铣边造型

① 选择要添加造型的板件，选择自定义造型功能，如图 3-185 所示。

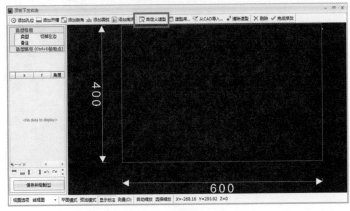

图 3-185　自定义造型

② 添加点，作为入刀起始点，如图 3-186 所示。

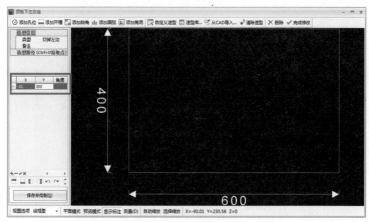

图 3-186　入刀起始点

③ 根据走刀路径输入每一个节点坐标，并根据圆弧方向添加角度，完成路径绘制，如图 3-187 所示。

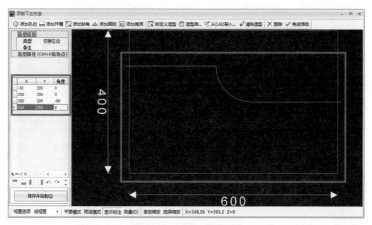

图 3-187　输入走刀路径

④ 点击保存并绘制，检查造型位置及尺寸是否正确，然后保存，如图 3-188 所示。

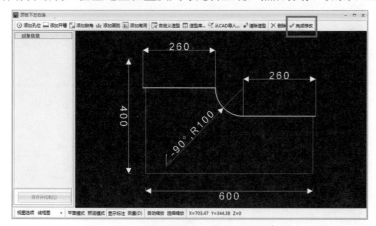

图 3-188　检查造型位置及尺寸是否正确并保存

6. 添加开槽

① 选择要添加开槽的板件，选择添加开槽功能，如图 3-189 所示。

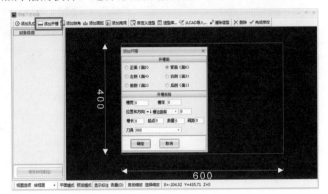

图 3-189　板件开槽

② 勾选要开槽的面，如图 3-190 所示。

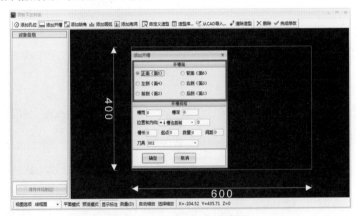

图 3-190　选择板件开槽面

③ 输入开槽宽度、开槽深度、开槽位置和方向尺寸，并确定槽的长度及起点位置。如果是阵列间断的槽，可以选择填写数量和间距，如图 3-191 所示。

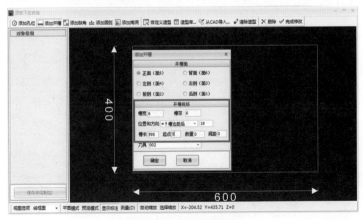

图 3-191　板件开槽规格

④ 选择开槽刀具，如图 3-192 所示。

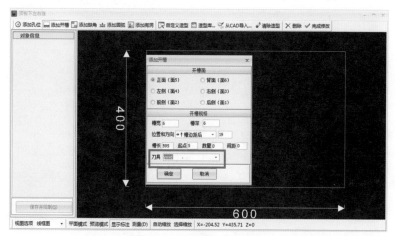

图 3-192 选择板件开槽刀具

⑤ 点击确定，检查开槽尺寸和位置是否正确，并保存，如图 3-193 所示。

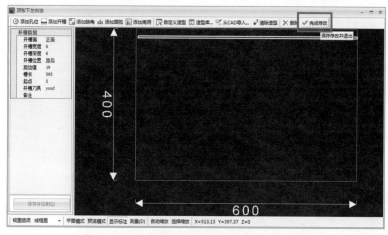

图 3-193 检查板件开槽尺寸和位置是否正确并保存

（三）型面和曲边加工操作方法

型面、曲边加工采用数控加工中心、金田豪迈 PTP 或数控六面钻均可以完成，且加工程序与开料、钻孔在一个程序中，所以要根据不同的工艺路线选择不同的加工设备。其加工可分为以下几个过程。

1. 加工程序导入

将编辑好的型面和曲边加工零部件文件导入设备软件中。

2. 扫码或选取板件加工程序

通过扫描器扫码或在文件夹中选取加工程序。

3. 启动加工

启动加工程序，自动完成型面和曲边零部件加工。

4. 加工完成

取下加工板件。

三、板式家具型面、曲面加工检验标准

（一）检验工具

1. 卷尺

用于检量长度尺寸。

2. 游标卡尺

用于检量开槽深度、开槽宽度、布袋深度、圆孔直径等尺寸。

（二）检验方法

1. 首件检验

在铣型加工过程中，首件检验可以预防批量产品出现重大错误。首件检验通常应用在开机后加工的第一个零部件产品，或者更换铣刀后第一次加工的零部件产品。

2. 过程抽检

过程抽检是指在铣型加工过程中，对铣型加工的零部件进行抽样检查，尤其对铣型表面加工质量进行检查，防止出现大批量的崩边问题。

（三）钻孔质量要求

① 铣型尺寸、孔径、深度均符合图纸的要求：公差为 ±0.5mm。
② 铣型无崩缺。

四、案例分析——弧形桌面加工

如图 3-194 所示，板式书桌桌面板已经完成备料，因桌面为异型，且需要开背板槽，所以需要铣型和开槽工序进行零部件加工。

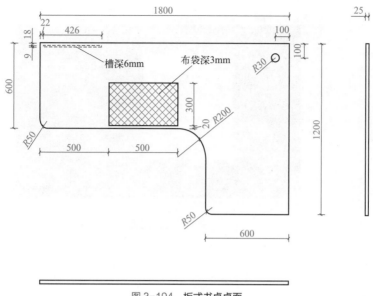

图 3-194　板式书桌桌面

（一）加工程序编辑

此桌面一共有 4 项铣型加工内容，分别为线盒孔圆洞加工、嵌皮的布袋加工、桌面下柜的背板槽和桌面铣边。

确定以右上角点为坐标原点，垂直向下为 Y 轴正方向，水平向左为 X 轴正方向，如图 3-195 所示。

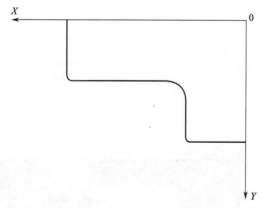

图 3-195　确定坐标系

1. 掏圆洞

根据板式书桌桌面图纸，可确定圆洞半径为 30mm，圆洞圆心位置坐标为（100，100），铣削深度为 25mm。

掏圆洞加工程序图示如图 3-196 所示。

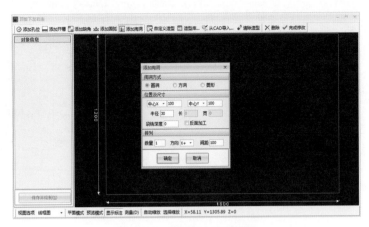

图 3-196 掏圆洞加工程序图示

2. 布袋铣削

根据图纸，矩形布袋的中心位置坐标为（1050，430），布袋 X 轴方向尺寸为 500mm，Y 轴方向尺寸为 300mm，布袋铣削深度为 3mm，如图 3-197 所示。

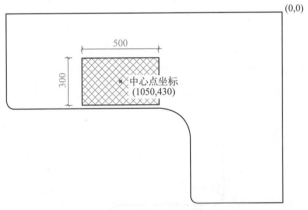

图 3-197 布袋铣削

布袋铣削加工程序图示如图 3-198 所示。

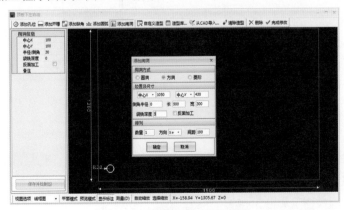

图 3-198 布袋铣削加工程序图示

3.线性铣边

为防止出入刀时崩掉封边条，在入刀时采用前置入刀、提前出刀、二次回刀铣削的方式。

第一刀：入刀点坐标（1800，-10）；Y轴正方向直线铣削至坐标点（1800，550）；90°顺时针圆弧坐标点（1750，600）；X轴负方向直线铣削至坐标点（800，600）；90°逆时针圆弧坐标点（600，800）；Y轴正方向直线铣削至坐标点（600，1150）；90°顺时针圆弧坐标点（550，1200）；X轴负方向直线铣削至坐标点（50，1200），如图3-199所示。没有将板件贯通，预留一部分，防止出刀时将封边条崩坏。

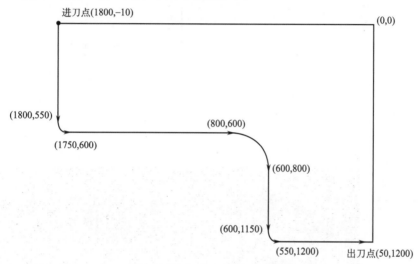

图 3-199 第一刀铣削各点坐标位置

第一刀加工程序图示如图3-200所示。

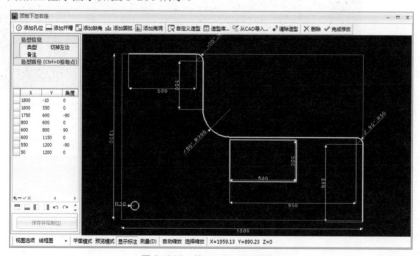

图 3-200 第一刀加工程序图示

补充第二刀铣削，将剩余的部分铣断：入刀点坐标（-10，1200），沿X轴正方向水平铣削至（60，1200），如图3-201所示。

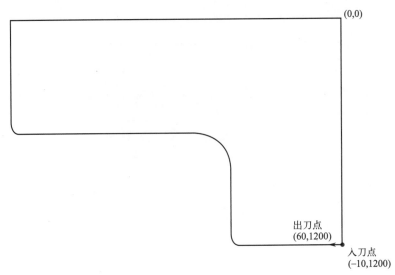

图 3-201　第二刀铣削各点坐标位置

第二刀加工程序图示如图 3-202 所示。

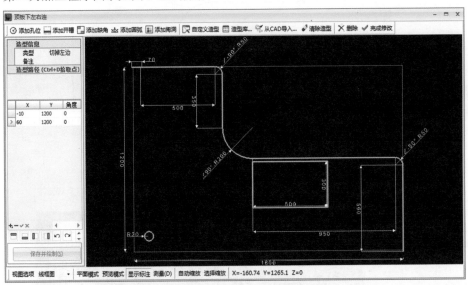

图 3-202　第二刀加工程序图示

为了增加铣刀的使用寿命，防止铣刀断裂，在切削 25mm 厚板材时，采用三次走刀：第一次下刀 9mm，第二次下刀 18mm，第三次下刀 25mm。

4. 面槽加工

根据图纸，槽的加工在板件的反面，槽宽 9mm，槽深 6mm，起始位置坐标（1352，18），加工方向 X 轴的正方向，长度为 426mm，终点位置坐标（1778，18）。刀具在加工行进方向的左侧，如图 3-203 所示。

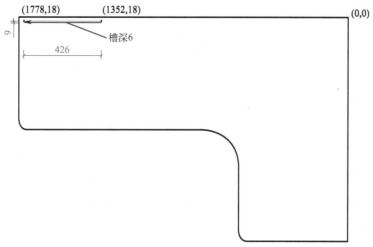

图 3-203　面槽加工

槽面加工程序图示如图 3-204 所示。

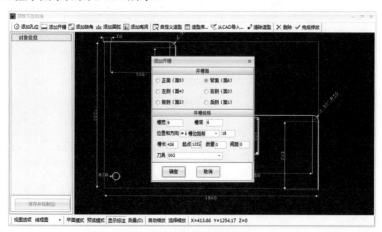

图 3-204　槽面加工程序图示

（二）铣型加工

铣型加工时选择数控加工中心、数控六面钻和金田豪迈 PTP160 数控钻孔中心均可以完成。无论采用哪种方式，操作方法基本相同。

1. 设备开启

开启设备电源，接通设备气源，开启除尘设备，打开设备中的加工软件，待气压达到 6bar 以上时，可以开始操作。数控六面钻要进行热机，数控加工中心要进行归零。

2. 导入加工程序文件

导入编辑好的加工程序文件。

3. 启动加工

将待加工板件放置在工作台上，靠紧靠尺。启动加工按钮，开始进行板件铣型加工。

4. 加工完成检验

加工完成后，对板件的铣边加工尺寸、掏洞加工尺寸、布袋加工尺寸和开槽加工尺寸进行检验，并且对加工后的板件边部进行检查，看是否有崩边现象出现。

5. 设备关闭

如不出现问题，关闭软件，关闭计算机，切断电源，并关闭除尘设备与气源。

—— 同步练习 ——

如图 3-205 所示，家用电脑桌桌面板已经完成备料，需要完成该桌面的铣型加工。

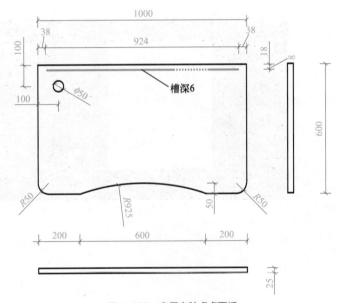

图 3-205　家用电脑桌桌面板

拓展阅读　　板式家具异型工艺

板式家具异型工艺是指在板式家具的生产过程中，通过特殊的加工工艺和技术，制作出具有特殊形状、结构和功能的家具产品。

以下是一些常见的板式家具异型工艺。

①异型裁切：使用数控裁切设备对板材进行异型裁切，如曲线裁切、斜角裁切等，以满足特殊的设计要求。

②异型折弯：通过折弯设备将板材折弯成特定的形状，如弧形、S形等，增加家具的美观性和功能性。

③异型拼接：采用特殊的拼接工艺，将不同形状的板材拼接在一起，形成独特的家具结构。

④异型打孔：使用数控打孔设备在板材上打出异型孔位，如异型孔、斜孔等，以便安装五金配件或实现特殊的功能。

⑤异型贴面：将异型贴面材料，如木皮、三聚氰胺纸等，通过热压或胶合等工艺贴合在板材表面，实现特殊的外观效果。

这些异型工艺可以使板式家具在外观、结构和功能上更加多样化及个性化，满足消费者对于独特和创意家具的需求。

需要注意的是，异型工艺通常需要更高的生产技术和设备要求，可能会增加生产成本。因此，在选择采用异型工艺时，需要综合考虑产品的定位、市场需求和生产能力等因素。

随着人们对产品造型上的需求不断提高，也对异型产品的加工提出更高的要求。作为家具企业与从业人员，要时刻学习，不断通过自我提升，解决一个又一个技术难题。

任务五

板式家具包装工艺

—— 任务布置 ——

某校大学毕业生创业，建立了板式家具生产企业，欲对产品包装进行系统化定位，现需要部门人员对板式家具包装进行调研分析并且归类。

—— **学习目标** ——

1. 知识目标

① 了解板式家具包装形式及所应用的材料。

② 掌握板式家具的包装方法。

2. 能力目标

能够合理地对板式家具板件进行包装。

3. 素质目标

① 养成独立分析问题的习惯。

② 培养科学严谨、精益求精的工匠精神。

③ 建立从事定制家具工艺结构设计工作的稳定基础。

④ 养成独立思考、独立判断的学习习惯。

一、家具包装的意义及作用

（一）家具包装的意义

根据国家标准的定义：包装是为在流通过程中保护产品，方便储运，促进销售，按照一定的技术方法而采用的容器、材料及辅助物的总体名称；也指为了达到上述目的而在采用容器、材料和辅助物的过程中施加一定技术方法等的操作活动。

家具包装是家具产品生命周期的一个重要环节。随着工业的快速发展、市场竞争的激烈加剧和人们生活水平的不断提高，包装环节对家具企业和家具产品的竞争与发展显得更加重要。

家具的包装是指利用适当的包装材料及包装技术，运用设计规律、美学原理，为家具产品提供容器结构、造型和包装美化而进行的创造性构思，并用图纸或模型将其表达出来的全过程（图 3-206）。

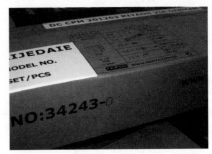

图 3-206　**家具包装**

（二）家具包装的作用

① 为家具产品提供适度保护是家具包装的主要功能。

家具产品从生产到使用需要一个漫长的时间和空间的转化过程，这个过程包括家具产品的储存、运输、销售、自组装几个步骤。家具产品的价值只有在好的包装设计下才能避免因湿度、温度、机械碰撞、生物因素等变化造成的不利影响。当家具到达消费者手中这最后一环时，家具产品的造型、外观、结构还没发生干裂、湿胀、翘曲、霉变、漆膜脱落、大理石或玻璃破裂等现象，家具的价值才能最终体现。

② 为家具产品设计、生产、销售的品牌化服务是家具包装的重要功能。

对于做代工或贴牌的出口型家具制造商，海外公司会在包装上提出非常高的要求。包装设计、外箱装潢设计方面有时全由他们提供，这对于国内家具业的品牌化设计、生产和销售实际上是一种严格的限制。中国是家具生产和销售的大国，有了好的家具包装，中国家具业的发展就会有更大的空间。

很多家具企业考虑家具产品的特殊性，在消费者使用之前销售商就已经将外包装拆包，所以往往忽略了包装的重要性。现在人们注意到DIY（自己动手制作）家具、KD（采用组装方式）家具等需要优秀的包装，家具企业的企业文化、服务素质、产品品质等体现也依赖家具包装。家具的包装设计不仅仅是包装箱的设计与美化，它还包括企业、产品标志的设计与标志技术处理，以及产品说明书、售后服务、使用须知等细节。总之，家具包装给家具制造商的品牌化经营提供了广阔的舞台。家具包装的成本可计算为生产成本，如果一流的家具配上三流的包装，就只能销售二流的价位，该产品也很难给使用者信心。

③ 为家具企业适应资源调配信息化、产品通用化、生产销售零库存化的信息式服务是家具包装的特别功能。

a. 封口胶纸为家具制造商的资源调配信息化提供了一个良好的数据入口。封口胶纸采用条形码处理技术，经过包装入库后，产品的名称、型号、规格、零部件数量、颜色、材料、生产成本、销售目的、出厂日期等参数都可统一录入数据库并与条形码链接，满足企业的整体运行、市场调查、年度总结、集装箱装箱计算等需要。

b. 外箱统一规格通用可以减少纸箱的库存量。不同家具产品可以用同一规格的外箱。目前很多家具制造商直接在外箱印刷产品造型，这就限定了包装外箱的通用。

④ 为家具产品的消费者服务是家具包装的最终目的。

人们在谈及家具设计时，最喜欢的口号是"人本主义""绿色化设计"。有一个好的家具包装才能够真正实现为消费者服务。一个优秀的家具包装应包括以下几个有利于消费者使用的方面。

a. 五金配件位置醒目，配件宜多不宜少。

b. 组装图清晰规范，组装步骤简洁易懂。

c. 部件按组装顺序取拿，容易辨知。

d. 有详细的使用注意事项，有材料、工艺、结构、造型设计等说明。

e. 有明确的售后服务内容和消费者权益说明。

二、包装材料

（一）外包装材料

1. 纸质包装材料

在家具产品的包装上，纸制包装材料的使用量占所有包装材料的 90% 以上。

包装用纸分为纸和纸板两大类。厚度 0.1mm 以上的为纸板，厚度 0.1mm 以下的为纸。常用的家具外包装材料通常采用瓦楞纸板（图 3-207）

图 3-207　瓦楞纸与纸板

2. 木质包装

木质包装主要用于长途运输或外贸家具中（图 3-208），可防止在运输过程中的损坏。但是出口家具的木质包装必须经过严格的质量检验，不允许有虫蛀等问题。

3. 胶带

胶带（图 3-209）主要用于家具外包装的封口，是使用广泛的一类封口材料。

图 3-208　木质包装箱　　　　　　　　　　　图 3-209　胶带

（二）内包装材料

1. 珍珠棉

珍珠棉主要用于家具的内包装，通常是成卷的形式，用架子固定在包装工作台的前方，在包装时方便应用（图3-210）。

2. 拉伸膜

拉伸膜（图3-211）也叫缠绕膜或保护膜。薄膜对被包装物施加了回压力，从而保护了被包装物。薄膜的回压力是由拉伸而产生的，黏着力减少了打滑，提供了一种迭合效应，从而形成了一种动态表皮，具有固定货物、防盗、防潮等功能，主要用于物流、运输、工厂车间之间的传递、制罐等行业。

图 3-210　珍珠棉卷

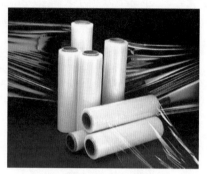
图 3-211　拉伸膜

3. 泡沫板

泡沫板（图3-212）用于家具内部的包装，用于填充板件与板件之间的空隙，且起到防止家具磕碰的作用。

图 3-212　泡沫板

4. 护边 / 护角

护边 / 护角（图3-213）用于家具的内包装，放置在包装的边缘和角部，防止家具边角磕碰而受到损坏。

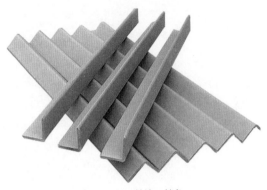

图 3-213 护边／护角

三、传统家具包装形式与家具数字化包装

（一）传统家具包装形式

传统家具中最常用以下三种包装形式。

1. 中封式

中封式（图 3-214）包装是应用最广的一类家具包装形式，板件与箱体整体感强，安全，稳固性较好，搬运过程中可任意方向放置（特殊说明的除外），内包装尺寸限度：（宽＋高）≤ 850mm。

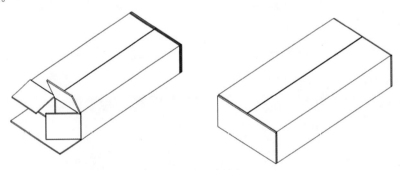

图 3-214 中封式

2. 天地盒式

天地盒式（图 3-215）主要用于包装尺寸（长＋宽）> 1700mm 的部件，曲面板包装的安全性相对较差，包装成本较高，在家具包装中较少应用。

3. 普通式

普通式（图 3-216）主要用于包装整装的单件家具产品或大块局部，且有严格的放置方向，包装操作方便、快捷，安全性能一般。

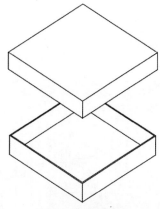

图 3-215　天地盒式

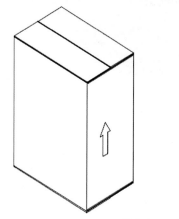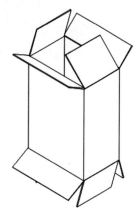

图 3-216　普通式

（二）家具数字化包装

家具数字化包装如图 3-217 所示。

1. 规范包装规则

采用行业先进企业的包装实践经验加上算法加持。

2. 减少运损

按照合理的包装方案打出的包件整齐牢固，避免运输损坏。

3. 降低人员依赖

工人无须掌握复杂的包装规则，避免人工的不确定性。

4. 对接自动化设备

为自动分拣和纸箱裁切等自动设备提供数据。

5. 智能分拣

预防客户订单在包装时出现错漏板件。

6. 预先生成包装

计算每块板件放置位置，整齐且省纸箱。

图 3-217　家具数字化包装

四、案例分析——办公家具包装实例分析

进行包装图设计之前，先完成包装物料清单（图 3-218），设计好内包尺寸。包装物料清单需要确定产品的名称、规格、数量及包装顺序等内容，对每个包装工段需要进行明确的说明。

订单共3包，当前第3包 产品共7包，当前第3包			
订单号: test		客户: test	
订单: test-170224001			
序	工件名称	尺寸	材料
1	bd吊柜顶板	554*330*18	1881暖白
2	bd底板	554*330*18	1881暖白
3	az左侧板	700*330*18	1881暖白
4	ay右侧板	700*330*18	1881暖白
5	背板	674*574*5	5密度板暖白

图 3-218　包装物料清单

（一）家具包装方法

① 先在包装台上放好瓦楞纸（图 3-219）。

② 放置好底层保护材料（一般为珍珠棉）（图 3-220）。

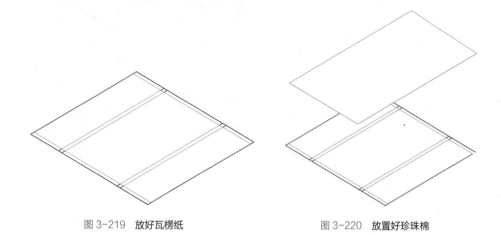

图 3-219　放好瓦楞纸　　　　　　　　　　图 3-220　放置好珍珠棉

③ 放置最大尺寸板件（图 3-221）。

④ 添加泡沫护板（图 3-222）。

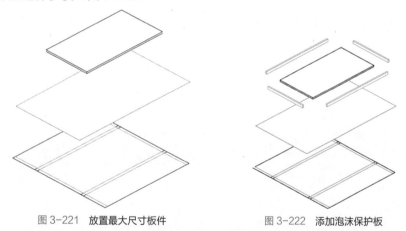

图 3-221　放置最大尺寸板件　　　　　　　图 3-222　添加泡沫保护板

⑤ 根据产品部件的大小依次放置，对于有些产品，还需要在两个部件之间放置保护层（图 3-223）。

⑥ 因为大小规格不统一，在必要的位置放置填充物，防止板件空间过大，在内部来回串动（图 3-224）。

⑦ 添加护边和护角，最终用胶带封箱。

（二）叠放保护

在包装过程重要注意叠放保护，主要有以下几点。

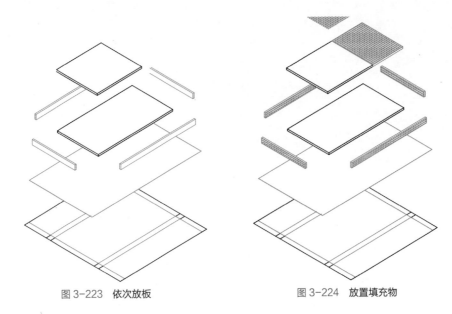

图 3-223　依次放板　　　　　　　　图 3-224　放置填充物

① 包装时面积大、厚度大、重量大的板件置于内包装的上下层，轻小板件置于夹层。

② 板面与板面、油漆边与油漆边不可直接接触，中间以珍珠棉隔离，防止摩擦而损伤表面。

③ 同层次的部件摆放紧凑，有间距的位置以泡沫填实。

④ 不同层次部件之间的接触面一定要保持平整，不平整的空间以泡沫填平。

⑤ 避免不同层的部件点、面接触，防止出现压痕和滑动。

⑥ 上层部件叠放后，其下面悬空宽度≤20mm，否则以泡沫填实。

⑦ 包装带框玻璃门时，将其置于厚度16mm以上、面积≥门框的两平面板之间，玻璃面与板面之间的间隙无须放泡沫，包装箱上标示易碎品信息。

⑧ 五金盒置放位置：通常情况下，置于内包装的两端头。

　　　　同步练习　　　　

利用下列包装材料，对书柜（图3-225）产品进行包装设计。

包装材料：

① 外包装材料为C型瓦楞纸板，厚度5mm；

② 护边材料为保丽龙泡沫，厚度20mm；

③ 上下面层护板为保丽龙泡沫，厚度10mm；

④ 珍珠棉，厚度1mm。

要求：

① 填写包装物料清单；

② 设计产品的包装结构；

③ 设计产品外包装纸箱。

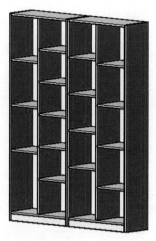

图 3-225 书柜（2000mm×1600mm×400mm）

改进家具包装工艺，满足环保要求

为了满足环保要求，可以采取以下方法改进家具包装。

① 使用环保材料：选择可回收、可降解或可重复使用的包装材料，如纸质包装、生物降解塑料等；避免使用一次性塑料包装材料，减少塑料污染。

② 减少包装材料的使用量：优化包装设计，减少不必要的包装层次和材料使用；采用简洁、紧凑的包装方式，既能保护家具，又能减少浪费。

③ 推广绿色包装技术：采用环保的包装技术，如水性印刷、无溶剂黏合剂等，减少有害物质的排放。

④ 鼓励回收利用：提供明确的回收指导，鼓励消费者将包装材料送至指定的回收点进行回收利用。

⑤ 采用可持续包装策略：考虑使用可重复使用的包装容器或包装系统，例如使用可折叠或可拆卸的包装箱，以减少包装废弃物的产生。

⑥ 加强供应链合作：与供应商合作，推动环保包装的采用和实践。鼓励供应商减少包装材料的使用，并采用环保的包装方式。

通过采取这些措施，家具包装可以更好地满足环保要求，减少对环境的负面影响，并向消费者传递环保的价值观。

笔记

项目四

**板式家具数字化
制造解决方案**

任务一

板式家具数字化制造的前端销售

—— **任务布置** ——

　　某公司销售部对新入职的员工进行板式家具数字化制造的前端销售培训，需要员工自行了解板式家具传统营销模式、板式家具新营销模式及板式家具营销设计软件三个方面的基础知识。

—— **学习目标** ——

1. 知识目标

① 了解板式家具传统营销模式。

② 了解板式家具新营销模式。

③ 了解板式家具常用的营销设计软件。

2. 能力目标

① 能够合理运用各种营销方式。

② 能够使用常用的营销设计软件。

3. 素质目标

① 树立终身学习理念。

② 培养团队协作精神。

③ 树立创新意识。

　　板式家具数字化制造的前端销售主要分为传统营销模式及新营销模式，包含渠道销售、广告宣传、促销活动、网络营销及社交媒体营销等。

一、传统的板式家具营销模式

　　家具的传统运营模式虽然多种多样，但与其他消费品的传统模式相差不大。家具行业的主要运营模式分为两种。一种是直营模式，企业自行投资经营专卖店，直接将生产出的家具商品销售给消费者。厂家负责专卖店的选址、厂地租赁并进行统一装修，自负专卖店的盈亏。这种运营模式需要厂家拥有非常强的实力规模和科学现代的管理体系，家具行业采用该种运营模式的并不多。更为普遍的另一种运营模式是特许加盟模式，特许加盟模式是一种厂家与地区零售加盟商共同进行销售的一种商业模式，是指厂家根据加盟协议向地区加盟商提供商业经营许可权，并给予人员培训、组织结构、经营管理、商品采购等方面的指导和帮助。由地区加盟商自己选择经营门店，经过总公司确认后自行投入资源进行装修并经营，自行配备人员进行店面零售经营、本地品牌推广、广告宣传、本地物流和售后服务，并承担场地租金和管理费；厂家将商品以批发的形式交由加盟商销售，双方各获取商品利润。这种运营模式大大降低了家具企业铺设销售网店的成本，加大了商品的覆盖面，在当今传统市场竞争异常激烈的环境下更有利于抢占销售份额。而无论是哪一种运营模式，在现在的传统家具行业，销售网店的建设都较依赖连锁家居卖场。近十年来，以红星美凯龙、居然之家为代表的专业家居连锁卖场扩张迅猛，迅速抢占了家居市场销售总额的70%以上。专业家居卖场以其贴心的体验氛围、良好的服务策略、高门槛带来的较为优良的商品质量以及专业的广告推广带来的品牌冲击等优势，迅速赢得了消费者的信任和口碑。然而专业家居卖场的利润主要来自商户的高额租金以及销售利润的分成，其商户自然就是厂商的直营店或者地区的特许加盟商。专业卖场的存在使得家具营销中的利益分成又多了很大一部分，一方面带给家具厂商和地区特许加盟商较大的运营压力，另一方面，又间接推高了家具商品的销售价格。传统家具销售模式如图4-1所示。

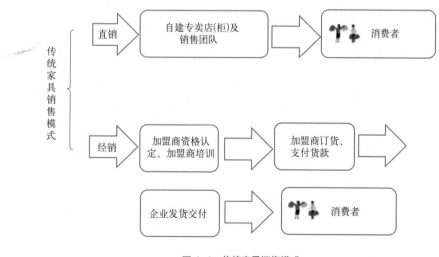

图 4-1　传统家具销售模式

传统板式家具营销方式如下。

（一）广告宣传

传统的板式家具营销模式依赖于广告宣传来提高品牌知名度和产品销量。制造商通常通过报纸、杂志、电视、广播等传统媒体渠道发布广告，吸引消费者的关注。

（二）陈列展示

传统家具商店通常会为板式家具设置陈列展示区，以吸引顾客的注意并展示产品的功能、设计和质量。在展示区，制造商可以通过展示样品和提供实际使用体验来促进销售（图4-2）。

图4-2 板式家具展厅

（三）促销活动

传统营销模式中，制造商和经销商常常会举办促销活动，如打折销售、特价促销、赠品赠送等，以吸引消费者购买板式家具并增加销量。

（四）客户关系管理

传统营销模式强调建立和维护良好的客户关系。制造商和经销商会通过提供售后服务、解决客户问题和建立客户忠诚计划等方式来与消费者建立紧密联系，促进重复购买和口碑传播。

二、板式家具新营销模式

随着数字化技术的快速发展，板式家具行业正在逐渐采用新的营销模式。家具产品的旺盛需求也相应带动了家居产业的蓬勃发展。近20年来，家具行业每年增长率超过20%，已经发展了七万多家企业。我国逐步成为全球家具行业的制造中心，并形成了中国特有的家具行业产业集群。在全国家具市场平稳发展的大背景下，我国成为家具生产最大和出口最多的国家。

　　然而，面对家居产业链上游家具企业与下游消费者需求的急速膨胀，传统的家具营销模式已经成为家具行业发展的薄弱环节。家具行业要想在市场中更加健康地发展，就必须对传统的营销体系进行整合，创新出新的营销模式以适应目前市场的发展要求。常见的新营销模式有网络营销、社交媒体营销、虚拟现实和增强现实体验、数据驱动的营销、客户体验和定制化。

（一）网络营销

　　制造商和经销商利用互联网及电子商务平台展示与销售板式家具产品。他们可以建立自己的官方网站或在线商店，通过搜索引擎优化、社交媒体广告、电子邮件营销和内容营销等手段来吸引流量及增加销售。

（二）社交媒体营销

　　通过社交媒体平台，制造商可以与消费者建立直接的互动联系。他们可以发布板式家具的照片、视频和使用案例，与"粉丝"和潜在客户进行交流，并回答他们的问题。此外，利用社交媒体广告和社交媒体影响者（KOL）合作，也是提高品牌曝光度和销售的有效方式（图 4-3）。

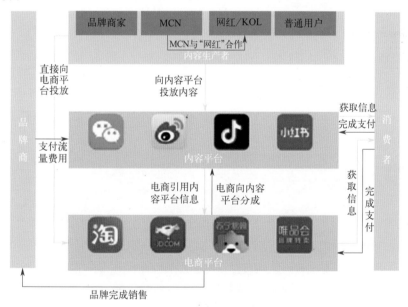

图 4-3　网络营销、社交媒体营销

（三）虚拟现实和增强现实体验

　　通过虚拟现实（VR）和增强现实（AR）技术，消费者可以在没有实际接触产品的情况下，获得逼真的体验和感知。制造商可以开发板式家具的虚拟展示和 AR 应用，让消费者在家中使用移动设备或 VR 头显来浏览和体验家具，从而提高购买决策的便利性和满意度（图4-4）。

图 4-4　VR 展示

（四）数据驱动的营销

通过收集和分析消费者行为数据，制造商可以更好地了解消费者的需求和偏好。可以使用数据来优化产品设计、调整定价策略、制定个性化的营销方案，并预测市场趋势和需求变化，以做出更明智的决策。

（五）客户体验和定制化

注重提供优质的客户体验和个性化的服务，例如提供专业的家具设计咨询、定制化产品选项、快速交付和售后服务等。这可以帮助制造商赢得客户的忠诚度，并制造口碑传播，增加重复购买和推荐。

三、板式家具的营销设计软件

在板式家具行业中，有一些专门的营销设计软件可用于帮助制造商和设计师进行产品展示及销售。目前常用的设计软件有 CAD、KD、3D Golden、圆方、三维家、酷家乐和阿尔法家等。不同软件各有千秋，分别占据一定的市场份额。

（一）CAD（计算机辅助设计）

最早应用在 20 世纪 80 年代的建筑行业，后来由于软件功能强大，开始在其他行业中发展起来。该软件能够更加清晰地表达平立面的尺寸及细节，轴测图也能较为清晰地表达整体结构。但是相对真彩效果来说，整体效果的表达则不是非常好，不能体现出很好的三维立体效果。

（二）KD 橱柜设计软件

属于专业橱柜设计系统，功能很强，范围较广，如厨房用品、水槽、煤气灶、油烟机、桌椅、门窗、各种支架等都可以适用，操作起来也比较简单，易上手。

（三）3D Golden 软件和圆方软件

衣柜和橱柜设计销售系统分开设置，通过参与软件培训人员的实地调研，在不考虑工艺和企业产品知识的基础上，操作者在较短时间内就可以完全掌握操作。

（四）三维家云装修设计平台

包括 3D 云设计系统、云制造系统、数控系统等，贯穿家具产业营销、设计、生产全流程，以技术驱动产业变革，实现门店终端 3D 效果图设计到工厂生产的 C2M 智能制造，让销售、设计、制造更简单，更高效。

（五）酷家乐

致力于云渲染、云设计、BIM、VR、AR、AI 等技术的研，实现"所见即所得"的全景 VR 设计装修新模式，可以快速生成装修方案，快速生成效果图，一键生成 VR 方案。

（六）阿尔法家

采用空间线性分割，在各个空间里面摆放预先定义好工艺的板件或组件；可以任意修改空间大小，产品尺寸、孔位、五金配件自行调整。支持各种五金配套规则，支持各种镶嵌线条门板、隐形连接件、内嵌拉直器等板式工艺，可实现"A 模块＋B 模块＋N 模块＝产品"。配套各类定制家具生产表单，提供完整的生产管理体系（图 4-5）。

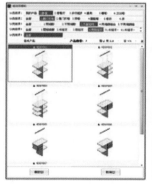

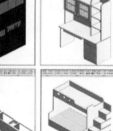

图 4-5　阿尔法家软件设计展示

任务二

板式家具数字化工厂

—— **任务布置** ——

　　某公司生产部对新入职的员工进行板式家具数字化工厂的培训，需要员工自行了解数字化工厂的概念、模式等。

—— **学习目标** ——

1. 知识目标

① 了解数字化工厂的概念。

② 了解板式家具数字化制造新模式。

③ 了解板式家具数字化生产管理。

④ 了解板式家具数字化制造。

2. 能力目标

能够掌握数字化工厂的生产管理模式。

3. 素质目标

① 养成独立思考的习惯。

② 培养科学严谨、精益求精的工匠精神。

③ 养成独立学习、独立判断的学习习惯。

　　板式家具数字化制造主要分为数字化工厂的概念、板式家具数字化制造新模式、板式家具数字化生产管理。

一、数字化工厂的概念

数字化工厂是指利用数字技术和信息系统将传统的制造工厂转变为智能化、高度自动化和高度集成的生产环境。数字化工厂的目标是通过整合和优化生产过程中的各个环节，提高生产效率、质量和灵活性，同时降低成本和资源消耗，不仅最大限度地降低了包括思维过程、作业流程、物流运输等全过程的浪费，而且直接简化了产品制造生命周期中数据信息传递的转换过程，使得制造过程中的效能和效率最大化。数字化工厂依靠产品的立体数字模型来定义和优化产品的生产过程，并向各个工序的操作者提供交互性的数字化生产指令和操作引导说明。同时，操作者也将通过人机交互界面，以数字化的方式向上层业务反馈作业状态信息（图4-6）。

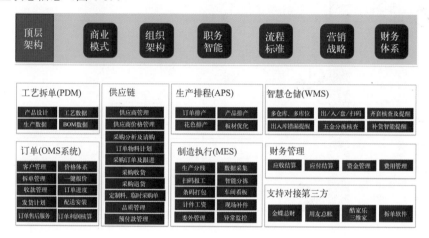

图4-6 数字化工厂系统架构

（一）销售端与生产、售后三位一体

通过数字化系统构建，将消费者所购买的产品从量尺、设计、下单、拆单、生产、售后等工序形成流水线作业（图4-7）。

（二）数据分析和人工智能（AI）

数字化工厂利用数据分析和人工智能技术来处理生产过程中产生的海量数据，并提供实时的决策支持。通过分析数据，可以发现潜在问题，预测故障和优化生产计划，从而提高效率和质量（图4-8）。

（三）虚拟现实（VR）和增强现实（AR）

数字化工厂使用虚拟现实和增强现实技术来模拟及可视化生产过程。这些技术可以用于培训员工、优化工艺流程和进行虚拟试验，从而减少错误和成本，并提高生产效率（图4-9）。

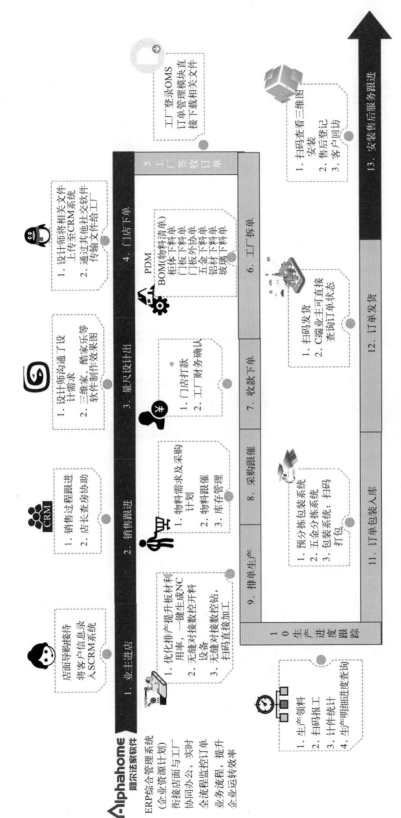

图4-7 销售端与生产、售后三位一体

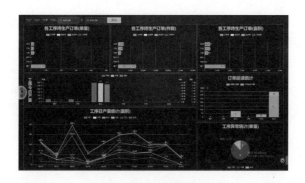

图 4-8　管理软件数据分析

图 4-9　虚拟（VR）工厂展示

（四）自动化和机器人技术

数字化工厂借助自动化和机器人技术实现生产线的自动化操作。自动化系统和机器人可以执行重复、烦琐和危险的任务，提高生产效率、安全性和一致性。

（五）供应链管理和协同合作

数字化工厂通过数字化的供应链管理系统和协同合作平台，实现供应链的可视化和实时协调。这样可以提高供应链的灵活性、响应速度和透明度，减少库存并缩短交货周期（图 4-10）。

图 4-10　机器人分料

数字化工厂的优势包括生产效率的提升、质量的改善、产品创新的加速、生产灵活性的增强以及成本和资源的优化。它们可以帮助制造企业适应市场的快速变化和客户需求的多样化，提高竞争力并实现可持续发展。

二、板式家具数字化制造新模式

板式家具数字化制造的新模式主要涉及以下方面。

（一）数字化生产计划和控制

利用数字化系统和软件对板式家具的生产过程进行计划和控制。生产计划可以根据订单需求和资源状况进行优化，确保生产的高效率和及时交付。通过实时监控和反馈，可以对生产过程进行调整和优化，提高生产效率和质量（图4-11）。

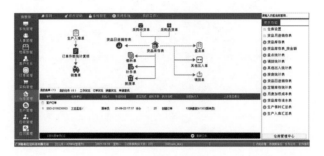

图4-11　数字化生产计划

（二）自动化生产线和机器人应用

数字化制造模式中，板式家具生产线的自动化程度更高。自动化设备和机器人可以执行板材切割、板式家具组装、表面处理等工序，提高生产效率、准确性和一致性。通过机器人应用，可以实现更灵活的生产和定制化需求的满足（图4-12）。

图4-12　自动化生产线和机器人应用

（三）数据驱动的质量控制

利用传感器和数据采集系统，实时收集和监测板式家具生产过程中的关键参数及质量指标。可以对这些数据进行实时分析和监控，以便及时发现潜在问题并采取措施，提高产品质量，减少次品率。

（四）智能仓储和物流管理

数字化制造模式中，板式家具的仓储和物流管理也可以实现智能化。借助物联网和数据分析技术，可以对库存进行实时监控和管理，减少库存积压和物料浪费。智能物流系统可以优化配送路径和时间，提高物流效率和准确性。

（五）客户参与和定制化服务

数字化制造模式为客户参与和定制化服务提供了更多机会。通过在线平台和配置工具，客户可以参与到板式家具的设计和定制过程中，选择合适的尺寸、材料和功能。这样可以提高客户满意度，并实现个性化需求的快速响应（图4-13）。

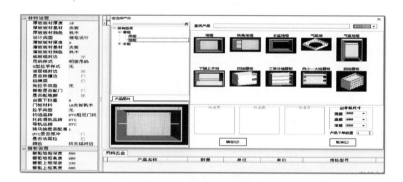

图 4-13　客户参与和定制化服务

三、板式家具数字化生产管理

数字化生产管理模式使板式家具行业能够更加灵活、高效地满足市场需求，实现个性化定制和质量优化。它可以提高生产效率、降低成本，并支持企业的创新和可持续发展。该模式是利用数字化技术和信息系统对生产过程进行计划、控制和优化的管理方法。

（一）生产计划和调度

利用计算机系统和软件进行生产计划和调度的制定。通过考虑订单需求、库存状况和资源可用性等因素，制订合理的生产计划，并进行实时调整以满足市场需求和交货时间要求。

（二）物料管理

通过数字化系统对板式家具生产所需的原材料和零部件进行管理，包括库存管理、供应商管理、物料采购等环节的数字化处理，以确保物料供应的及时性和准确性（图4-14）。

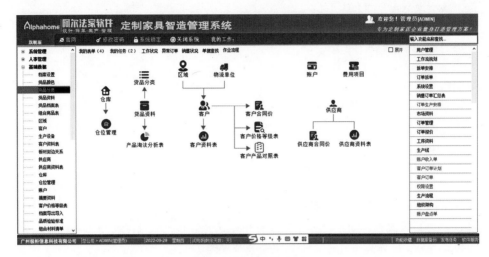

图4-14　物料管理系统

（三）工艺流程优化

利用数字化技术和模拟软件对板式家具的生产工艺进行优化。通过建立数字化模型和仿真，评估不同工艺方案的效果，包括板材切割、边封、钻孔等工序，以提高生产效率和质量。

（四）数字化生产线管理

数字化生产线管理可结合自动化设备和机器人技术，对板式家具生产线进行管理和监控。通过连接每个设备和机器人，实现生产过程的自动化控制和数据采集，以提高生产线的效率、准确性和稳定性。

（五）质量控制和检测

数字化系统可以实现对板式家具生产过程中质量控制的监测和管理。通过传感器和数据采集，实时监测关键工序的参数和质量指标，并进行数据分析和异常检测，以保证产品质量和减少次品率。

（六）实时监控和反馈

数字化生产管理系统提供实时监控和反馈机制，对生产过程进行可视化和实时追踪。

通过仪表盘、报表和数据分析，管理层可以及时了解生产进展、资源利用情况和质量状况，并做出相应的决策和调整（图 4-15）。

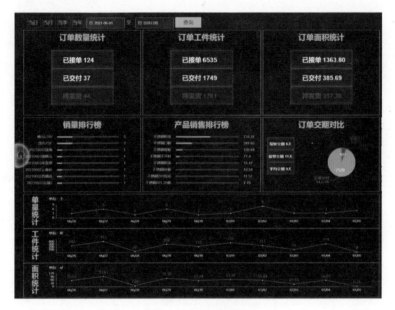

图 4-15　订单实时监控

（七）数据分析和优化

数字化生产管理系统收集的大量数据可以用于数据分析和优化。通过对生产数据进行分析和挖掘，可以发现潜在问题、识别改进机会，并优化生产过程、降低成本和提高效率。

参考文献

[1] 许柏鸣.板式构件的工业化生产 [J].家具.1997(5)：16-17.

[2] 张挺,李新兵,陈所宁,等.各类刨花板在定制家居中的应用 [J].中国人造板，2022,29(1)：2-5.

[3] 侯晓鹏,吴智慧,刘海波,等.基于 OPC 统一架构的木制品加工设备信息互联互通方法 [J].木材科学与技术.2022,36(6)：95-102.

[4] 毛宇轩,王金宝.板式家具激光封边设备 [J].林业机械与木工设备，2019(3)：19-23.

[5] 王赫昱,黄海兵.高新技术在木材加工中的应用研究 [J].科学技术创新，2019(32)：138-139.

[6] 张超,冼迪研.新中式家具大规模定制设计与技术体系研究 [J].家具与室内装饰，2019(2)：28-29.

[7] 熊先青,袁莹莹,牛怡婷,等.大规模定制家具 ERP 系统的构建及其关键技术 [J].林业工程学报，2019(4)：162-168.

[8] 黄庚晃,郑智华,王有来,等.板式家具板件斜直封边工艺探讨 [J].中国人造板，2023,30(7)：4.

[9] 惠小雨,吴智慧,沈忠民.定制家具行业数字化设计生产一体化现状的研究与分析 [J].家具，2019(3)：7-11.

[10] 熊薇.低碳家具创新设计的研究 [J].包装工程，2012(4)：68-71.